高等职业院校设计学科新形态系列教材

上海市高等教育学会设计教育专业委员会"十四五"规划教材

丛书主编 江滨 丛书副主编 程宏

U0385393

当代首饰设计

周凝瑞 郑祎峰 钱年华 程圣和 编著

中国电力出版社
CHINA ELECTRIC POWER PRESS

内 容 提 要

　　《当代首饰设计》教材旨在为学习者提供全面系统的首饰设计理论与实践知识。本教材分为三个部分，共计八章，涵盖了当代首饰设计的各个重要主题和领域，包括首饰材料与设计应用、首饰制作工艺、珠宝首饰典藏鉴赏等内容，本教材每章后附"本章总结、课后作业、思考拓展"等内容，帮助学习者们全面了解首饰设计的实践过程和技术要点，从而为在校学习和职业发展提供有力支持，能够通过本教材的学习，全面掌握当代首饰设计的核心理论与实践技能。本书适合作为高等职业院校和应用型本科院校的专业教材，以及专业设计人员的参考用书。

图书在版编目（CIP）数据

当代首饰设计 / 周凝瑞等编著 . -- 北京：中国电

力出版社，2025. 3

高等职业院校设计学科新形态系列教材

ISBN 978-7-5198-8940-1

Ⅰ．①当… Ⅱ．①周… Ⅲ．①首饰－设计－高等职业

教育－教材 Ⅳ．① TS934.3

中国国家版本馆 CIP 数据核字（2024）第 105385 号

出版发行：中国电力出版社

地　　址：北京市东城区北京站西街 19 号（邮政编码 100005）

网　　址：http://www.cepp.sgcc.com.cn

责任编辑：王　倩　（010-63412607）

责任校对：黄　蓓　马　宁

书籍设计：王红柳

责任印制：杨晓东

印　　刷：北京瑞禾彩色印刷有限公司

版　　次：2025 年 3 月第一版

印　　次：2025 年 3 月北京第一次印刷

开　　本：787 毫米 ×1092 毫米　16 开本

印　　张：8.75

字　　数：262 千字

定　　价：58.00 元

高等职业院校设计学科新形态系列教材
上海市高等教育学会设计教育专业委员会"十四五"规划教材

丛书编委会

序一

党的二十大报告对加快实施创新驱动发展战略作出重要部署，强调"坚持面向世界科技前沿、面向经济主战场、面向国家重大需求，面向人民生命健康，加快实现高水平科技自立自强"。

高校作为战略科技力量的聚集地、青年科技创新人才的培养地、区域发展的创新源头和动力引擎，面对新形势、新任务、新要求，高校不断加强与企业间的合作交流，持续加大科技融合、交流共享的力度，形成了鲜明的办学特色，在助推产学研协同等方面取得了良好成效。近年来，职业教育教材建设滞后于职业教育前进的步伐，仍存在重理论轻实践的现象。

与此同时，设计教育正向智慧教育阶段转型，人工智能、互联网、大数据、虚拟现实（AR）等新兴技术越来越多地应用到职业教育中。这些技术为教学提供了更多的工具和资源，使得学习方式更加多样化和个性化。然而，随之而来的教学模式、教师角色等新挑战会越来越多。如何培养创新能力和适应能力的人才成为职业教育需要考虑的问题，职业教育教材如何体现融媒体、智能化、交互性也成为高校老师研究的范畴。

在设计教育的变革中，设计的"边界"是设计界一直在探讨的话题。设计的"边界"在新技术的发展下，变得越来越模糊，重要的不是画地为牢，而是通过对"边界"的描述，寻求设计更多、更大的可能性。打破"边界"感，发展学科交叉对设计教育、教学和教材的发展提出了新的要求。这使具有学科交叉特色的教材呼之欲出，教材变革首当其冲。

基于此，上海市高等教育学会设计教育专业委员会组织上海应用类大学和职业类大学的教师们，率先进入了新形态教材的编写试验阶段。他们融入校企合作，打破设计边界，呈现数字化教学，力求为"产教融合、科教融汇"的教育发展趋势助力。不管在当下还是未来，希望这套教材都能在新时代设计教育的人才培养中不断探索，并随艺术教育的时代变革，不断调整与完善。

同济大学长聘教授、博士生导师
全国设计专业学位研究生教育指导委员会秘书长
教育部工业设计专业教学指导委员会委员
教育部本科教学评估专家
中国高等教育学会设计教育专业委员会常务理事
上海市高等教育学会设计教育专业委员会主任

序二

人工智能、大数据、互联网、元宇宙……当今世界的快速变化给设计教育带来了机会和挑战，以及无限的发展可能性。设计教育正在密切围绕着全球化、信息化不断发展，设计教育将更加开放，学科交叉和专业融合的趋势也将更加明显。目前，中国当代设计学科及设计教育体系整体上仍处于自我调整和寻找方向的过程中。就国内外的发展形势而言，如何评价设计教育的影响力，设计教育与社会经济发展的总体匹配关系如何，是设计教育的价值和意义所在。

设计教育的内涵建设在任何时候都是设计教育的重要组成部分。基于不断变化的一线城市的设计实践、设计教学，以及教材市场的优化需求，上海市高等教育学会设计教育专业委员会组织上海高校的专家策划了这套设计学科教材，并列为"上海市高等教育学会设计教育专业委员会'十四五'规划教材"。

上海高等院校云集，据相关数据统计，目前上海设有设计类专业的院校达60多所，其中应用技术类院校有40多所。面对设计市场和设计教学的快速发展，设计专业的内涵建设需要不断深入，设计学科的教材编写需要与时俱进，需要用前瞻性的教学视野和设计素材构建教材模型，使专业设计教材更具有创新性、规范性、系统性和全面性。

本套教材初次计划出版30册，适用于设计领域的主要课程，包括设计基础课程和专业设计课程。专家组针对教材定位、读者对象，策划了专用的结构，分为四大模块：设计理论、设计实践、项目解析、数字化资源。这是一种全新的思路、全新的模式，也是由高校领导、企业骨干，以及教材编写者共同协商，经专家多次论证、协调审核后确定的。教材内容以满足应用型和职业型院校设计类专业的教学特点为目的，整体结构和内容构架按照四大模块的格式与要求来编写。"四大模块"将理论与实践结合，操作性强，兼顾传统专业知识与新技术、新方法，内容丰富全面，教授方式科学新颖。书中结合经典的教学案例和创新性的教学内容，图片案例来自国内外优秀、经典的设计公司实例和学生课程实践中的优秀作品，所选典型案例均经过悉心筛选，对于丰富教学案例具有示范性意义。

本套教材的作者是来自上海多所高校设计类专业的骨干教师。上海众多设计院校师资雄厚，使优选优质教师编写优质教材成为可能。这些教师具有丰富的教学与实践经验，上海国际大都市的背景为他们提供了大量的实践机会和丰富且优质的设计案例。同时，他们的学科背景交叉，遍及理工、设计、相关文科等。从包豪斯到乌尔姆到当下中国的院校，设计学作为交叉学科，使得设计的内涵与外延不断拓展。作者团队的背景交叉更符合设计学科的本质要求，也使教材的内容更能达到设计类教材应该具有的艺术与技术兼具的要求。

希望这套教材能够丰富我国应用型高校与职业院校的设计教学教材资源，也希望这套书在数字化建设方面的尝试，为广大师生在教材使用中提供更多价值。教材编写中的新尝试可能存在不足，期待同行的批评和帮助，也期待在实践的检验中，不断优化与完善。

丛书主编

前言

当代首饰不仅仅是简单的装饰品,更是一种艺术表达和文化传承的载体。《当代首饰设计》教材的编撰旨在系统性地探索和总结当代首饰设计的理论与实践,为应用型院校的学习者提供全面而深入的学习资源。

本教材首先回顾首饰设计的发展历程,从古代文明到现代文明,探讨不同文化背景下的首饰风格和审美趋势。其次,将深入研究首饰设计所涉及的各种材料,包括金属、宝石、珍珠、塑料等,以及它们的特性和用途。此外,还将介绍不同的首饰制作工艺,如铸造、镶嵌、雕刻等,帮助学习者掌握实际操作技能,特别关注应用型院校的教学需求和学生实践能力的培养。编者通过系统的设计鉴赏和实践案例,旨在帮助学习者将理论知识与实际应用相结合,培养学习者在首饰设计领域的创新能力和技术实践能力。在教材编写过程中,编者将探讨首饰设计的审美理论,包括比例、对称、色彩、质感等方面的原则,以及如何运用这些理论来创作出独具个性的首饰作品,并充分借鉴产学研结合的理念,结合行业最新的设计趋势和实际应用需求,确保教材内容与行业接轨,为学习者们的职业发展提供有力支持。

教材编写团队致力于深化与各校企之间的紧密合作,积极探索并实践创新的校企合作模式。这旨在通过引入行业前沿的实践经验和项目合作机会,将课堂教学内容与实际工作场景无缝对接,从而显著增强学生的实践动手能力和综合素养。此外,教材中还特别强调了设计比赛作为促进学生专业成长与才华展示的关键平台的重要性。编者不仅积极鼓励学生广泛参与各类设计竞赛,还将设计比赛纳入教材的重要章节。通过比赛的历练,学生们不仅能够拓宽视野、精进技艺,还能在实战中积累经验,实现个人能力的飞跃与职业发展的双重提升,达成个人成长与未来职业道路的双赢局面。

最后,特别感谢中国电力出版社和金陵科技学院对本教材的支持与合作,特别感谢责任编辑王倩老师及其团队老师们在教材的编辑、制作和出版过程中给予了充分的帮助和指导。同时,衷心感谢两位主编江滨与程宏教授的精心指导与倾力付出,何思璞、白惠京、管益涛、李子枫等参编人员的辛勤努力,以及刘思思、魏琪琪的专业核校。没有这些支持与努力,本教材将无法如期完成。希望本教材能够为广大学习者们提供全面而实用的学习指南,激发创新潜能,引领他们走向当代首饰设计领域的精彩舞台。

2025年1月

目录

第一章

当代首饰设计
理论基础

第一节　当代首饰的定义与起源

一、当代首饰的定义

当代首饰是当代艺术在首饰领域的体现，注重观念、思想、情感的表达，强调材料革新与艺术创新，具有很强的个性与实验性（图1-1）。

当代首饰的主要特点有：

（1）时尚化；

（2）多元化；

（3）个性化；

（4）健康环保。

图1-1　当代首饰作品

当代首饰中的"当代"既可视为传统文化、民族习俗等方面所形成的审美形态，又可看作人类历史发展过程中出现的新事物、新思维方式以及人们对社会生活进行再创造所产生的观念。

与商业首饰不同，当代首饰以艺术创作的方式体现了创作者的艺术理念，包括纯艺术、装饰美学、技艺研究、材料及工艺等方面（表1-1）。

表1-1　　　　　　　商业首饰与当代首饰的设计理念、材料及工艺的区别

名称	设计理念	材料	工艺
商业首饰	符合大众审美，主要功能包括装饰美化、体现个人财富与地位，具有审美功能、艺术价值及收藏价值	黄金、铂金、银等各类贵金属；钻石、红/蓝宝石、祖母绿、玉石、珍珠等各类天然宝玉石	铸造工艺 珐琅工艺 镶嵌工艺 玉雕工艺 雕漆工艺 花丝工艺
当代首饰	美学价值更为丰富，材料更加多元化，强调观念的表达。在满足首饰具有的审美功能的同时，更注重首饰的自我表达功能	陶瓷、塑料、树脂、电子元器件、皮革、纤维织物、植物、石膏、钛金属、纸张、有机玻璃、高科技芯片等	各种传统工艺 3D打印 激光雕刻 软件制图

二、当代首饰的起源

当代首饰艺术起源于工业文明高度发达且与现当代艺术并驱前行的西方国家，其可追溯至20世纪60年代的美国、英国等国。当代首饰作为现代艺术形式是首饰设计领域的分支与拓展，历经半个多世纪的演变与精进，当代首饰已逐步确立为一种独树一帜的艺术表现形式，并被广泛认可为具有独特审美价值的艺术品。

1. 工艺美术运动

工艺美术运动是19世纪下半叶起源于英国的一场设计改良运动，又称艺术与手工艺运动。

工艺美术运动开启了现代设计的新篇章，在首饰设计领域产生了较大影响。以金、银等贵金属为材料的传统首饰（图1-2、图1-3）与金工制作密不可分，重视手工艺、明确反对机械化生产的主张对首饰发展起到了巨大的促进作用。同时，艺术家的介入为首饰设计的发展注入了艺术能量，手工艺水平的提升也促进了首饰工艺的传承。艺术与手工艺统一的理念逐步成为西方艺术界与设计界的共识，首饰设计在此潮流的影响下逐渐形成艺术与手工艺相结合的创作理念。

2. 新艺术运动

1890年之后，随着新艺术运动在欧美各国的全面兴起，现代设计得以全面推进。新艺术运动也极大地影响了首饰设计的发展。此时期产生了独具特色的新艺术风格首饰类型，开启了西方首饰设计近代化的新篇章。

这一时期的首饰艺术的风格遵循新艺术运动倡导的"师法自然"原则，首饰设计中那些蜿蜒流动的线条和鲜活的色彩使得珠宝玉石获得了奇异的生命力。例如，阿尔丰斯·穆夏（Alphonse Maria Mucha）的作品（图1-4）。

首饰艺术唤起了人们对首饰设计艺术性和独创性的关注。一部分手工艺人和从事美术专业的人转变成了首饰艺术家、首饰设计师。

新艺术运动中的杰出代表勒内·拉里克（René Lalique），其创作的首饰作品被誉为各艺术门类精妙融合的典范。他巧妙地将流畅的线条、优雅的轮廓与细腻的浮雕相结合，使得每一件首饰都仿佛是一件精心雕琢的雕塑艺术品，充满了立体美感与动感。此外，勒内·拉里克对色彩的敏锐捕捉和运用，又让他的作品透露出画家的独特视角与审美。在材质选择上，他更是展现出非凡的创造力与精湛技艺，无论是晶莹剔透的玻璃、贵重的金属、璀璨的宝石，还是华丽的珐琅，都在他的手中焕发出前所未有的光彩与生命力。

勒内·拉里克的首饰设计（图1-5）中往往蕴含着很多植物的花语。如常春藤，花语是忠诚与永恒，其生存能力极强，无论是冬天或是夏天，都能保持常年的葱绿；而蓟花，虽然美艳无比，却因生长在荆棘之下而被用来表达心如针刺之感。

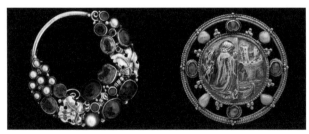

图1-2　工艺美术时期首饰（一）

图1-3　工艺美术时期首饰（二）

图1-4　阿尔丰斯·穆夏的首饰作品

图1-6　蓝宝石首饰

图1-5　新艺术运动时期首饰　　　　　图1-7　钻石首饰

图1-8　装饰艺术风格首饰　　图1-9　东方图案风格首饰套件

3. 装饰艺术运动

　　装饰艺术运动是20世纪二三十年代在法国、美国等国家兴起的一场具有折衷主义特征的设计风潮。它作为对过度装饰的工艺美术运动和新艺术运动中自然主义装饰、中世纪复古风格的深刻反思，明确批判了古典主义的束缚、自然（特别是过度强调有机形态）的模仿，以及对手工业理想化的倾向，转而倡导机械生产所带来的美学价值。该运动在肯定工业化生产的同时，亦高度重视装饰艺术的表现力，巧妙地在两者间架起了桥梁，不仅为新艺术运动划上了句号，也为现代主义设计的兴起铺平了道路，实现了从传统到现代的平滑过渡。

　　珠宝首饰是装饰艺术运动最强烈的表达。装饰艺术运动主张采用新材料，主张机械美，采用大量新的装饰手法使机械形式及现代特征变得更加自然感和华贵感；其造型语言表现为采用大量几何形、绚丽的色彩及表现这些效果的高档材料，追求华丽的装饰（图1-6、图1-7）。

　　装饰艺术运动期间，因为时装设计的出现，随之出现了对服装装饰配件和各种新型首饰的需求。多变的发型对发卡设计、头饰品设计提出了新的需求，各种手镯、项链、耳环、胸针、戒指、领带扣与袖扣、腰带等的需求也大幅增加，对设计潮流产生重要影响。因此，不少设计师把装饰艺术风格的一些特征，如古埃及和东方图案风格、简单的几何造型风格、明快的色彩计划等，引入首饰与服装配件的设计中（图1-8、图1-9）。

4. 现代设计运动（以"包豪斯"为代表）

20世纪40年代—60年代，首饰设计风格发生了颠覆性的变革，彻底打破了传统的装饰框架，迎来了抽象与现代相融合的新纪元（图1-10）。这一时期的现代设计运动极大地促进了首饰艺术与设计领域的交融与发展，标志着当代艺术首饰的初步萌芽。特别值得一提的是，第二次世界大战后，包豪斯（Bauhaus）学院的理论体系与实践成果对全球手工艺界的复兴与发展起到了至关重要的作用。其核心贡献在于，它将现代主义的设计理念、方法论及风格元素深度融入首饰设计，并引领了当代首饰设计的创作实践与理论研究。

图1-10　简洁形态首饰作品

第二节　当代首饰的发展与现状

一、当代首饰的发展概况

第二次世界大战结束之后，世界经济开始复苏，伴随着经济的好转和人们生活水平的提高，各国的文化艺术得到了进一步的发展，首饰设计也在加速发展。它不仅仅是装饰人体的饰品，更承载着设计师与佩戴者对自由、个性、时尚的追求，对艺术与精神生活的向往，它开始具有更多的社会意义。

二、当代首饰现状

1. 国外当代首饰现状

国外的当代首饰设计受现代艺术流派影响，大量运用夸张、变形、抽象的设计元素，设计者大多以创新为目的，从佩戴场合、季节、佩戴者的职业及佩戴者性格特征、气质和品位等角度出发进行设计。无论是取材还是表达方式都以最大限度表达设计主题为目标，设计风格多样。

2. 国内当代首饰现状

中国的当代首饰设计在最近20年间，在国际范围展现了自己的实力，经济文化等软实力的提升使中国特色一度站在时尚的浪潮顶端。目前，当代首饰在中国发展主要有以下几种主导形式。

（1）国内艺术院校珠宝首饰课程的建立与发展

20世纪80年代末，中国新一代的艺术家及手工艺人留学国外，接受西方先进的现代艺术教育，建立首饰工作室，举办当代首饰展览。

（2）中国当代首饰集合的发展

随着中国创意产业的迅速发展，在政府的鼓励和扶持下，我国建立了多家文化中心、创意园区、博物馆等。当代首饰集合店、艺廊及各大展览也因此迅速成长起来。

（3）当代首饰艺廊与展览的开展

当代首饰展对促进中国当代首饰的国际交流，向国内的行业专业人士和广大消费者展示最新的设计理念和趋势具有重要影响，同时也为当代首饰产业和客户之间建立了很好的沟通桥梁，中央美术学院、北京服装学院、中国美术学院等院校分别举办了具有较大影响力的当代首饰展览（图1-11）。

图1-11　当代首饰展览海报

第三节　当代首饰的造型与创新

一、当代首饰的造型

我们所居住的世界是三维立体的，允许我们通过视觉与触觉进行感知，据此，我们将这些占据三维空间的物体称为"形态"。形态可以进一步细分为两大类："自然形态"与"人工形态"。自然形态指未经人为干预，自然界中自然形成的物体形态，如山川、河流、动植物等；而人工形态则指人类通过设计、制造等手段创造出的形态，包括但不限于建筑、工艺品、日常用品等。这样的划分有助于我们更清晰地理解和区分不同来源、性质的立体物体。

1. 自然有机型

自然有机型（图1-12），是一种模仿自然的设计发展风格，造型给人以回归自然、返璞归真的感觉。

古驰（GUCCI）在高级珠宝系列阿莱格里亚（Allegoria）中推出的以不同季节的色彩和力量打造的彩色宝石戒指套装（图1-13）。戒指整体用贵金属塑造出层层叠叠的叶片造型，如同月桂叶编织的桂冠。月桂叶之间镶嵌明亮切割宝石，构成立体透光的悬空结构，让宝石的色彩更加明亮清澈，形成闪耀而灵动的视觉效果，致敬大自然的诗意色彩。

图1-12　自然有机形态首饰

图1-13　古驰高级珠宝系列阿莱格里亚戒指

图1-14　鸟舞系列　　　　　　　　　　　　　图1-15　根与花系列

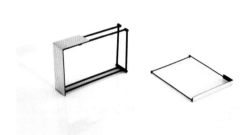

图1-16　以色列艺术家梅拉夫·奥斯特·罗斯作品　图1-17　丹麦首饰设计师金·巴克作品

以色列设计师阿米泰·卡夫（Amitai Kav）的设计作品从生活和自然中汲取灵感，充满想象力。他的经典作品有从自然界和舞蹈形态中获得灵感的鸟舞系列、源于地方文化风情的雕珠系列、展现功能与机械感的锁扣系列及根与花系列（图1-14、图1-15）。

2. 抽象几何型

几何造型的设计主题，可以给人以简约、理性之感，既可表现装饰效果，又不会显得修饰过度。在首饰设计中，这种与建筑艺术互通的几何张力，开始借助一些类似原木、铁、矿石等建筑原料的大胆运用得以表达，外形设计也更注重点、线、面的几何构成，以及抽象主义中"柏拉图式几何"所强调的正多面体等几何形体的运用。例如，以色列艺术家梅拉夫·奥斯特·罗斯（Merav Oster Roth）的作品（图1-16）。

丹麦首饰设计师金·巴克（Kim Buck）喜欢探讨首饰与人体之间的关系，同时他的创作还具有社会文化属性与叙事性的特点（图1-17）。亲密关系中的各种情感交织——热烈的、温暖的、矛盾的、冲突的等，都被金·巴克用首饰表达得淋漓尽致。

爱马仕（Hermés）品牌在2020年推出了感官层（Lignes Sensibles）高级珠宝系列，由爱马仕珠宝创意总监皮埃尔·哈迪（Pierre Hardy）执导设计。设计以感官层为创作主题，探索珠宝与身体的共生关系。其中，作品"倾听（À l'écoute）"用金属材料打造出流线结构，自然贴合身体轮廓，就好像聆听到了身体内部的生命振动（图1-18）。直线、圆弧、环圈等图形交叠延伸，在不对称几何构成中达到视觉平衡，风格优雅而简约。为了让珠宝与身体肌肤自然契合，哈迪特别挑选了色调柔和的弧面宝石进行镶嵌。主石选择烟晶色调，纯净而深邃；下方垂落椭圆形绿碧玺，随佩戴者的动作轻盈晃动；镶座选择玫瑰金，柔粉色调与肤色恬然相衬。

图1-18　爱马仕珠宝创意总皮埃尔·哈迪设计作品

3. 象征寓意型

首饰设计中，通过时间和文化的沉淀形成了许多具有象征意义的形式或符号。它可以象征一种联合体，寓意一个承诺或保证，或设计中所用的方法和材料象征设计要表达的理念和意图。许多动物、植物都因为不同文化赋予的象征意义而被广泛地用于首饰的设计（图1-19）。当代首饰艺术家非常注重首饰的象征寓意，他们利用首饰所承载的特殊符号或形式进行艺术表达。

英国珠宝品牌斯蒂芬·韦伯斯特（Stephen Webster）推出的"七宗罪（The Seven Deadly Sins）"高级珠宝系列，以戒指"傲慢（Pride）"为例，设计师巧妙地通过孔雀羽毛形态诠释七宗罪中的傲慢，大胆运用蓝色钛金属塑造出充满张力的造型（图1-20）。孔雀是世界上最美的鸟类之一，雄性孔雀在求偶时会通过羽毛开屏的方式展现自己的美丽和强壮，英语谚语Proud as a peacock（如孔雀一样骄傲），就是形容人身上骄傲与自信的性格特质。斯蒂芬·韦伯斯特以孔雀羽毛作为傲慢的视觉表达元素，用蓝色钛金属塑造出层叠且充满立体感的孔雀尾屏，钛金属戒壁雕刻孔雀的鳞羽斑纹，羽眼镶嵌圆形切割蓝色和粉色的蓝宝石，色彩微妙共鸣。

青年设计师拓桦真的作品"花朵（blossoms）"，通过"小红花"奖励符号的视觉表现，以首饰的形式延续人们对"小红花"奖励符号赋予的文化内涵，试图用首饰的语言引发观者、佩戴者的情感共鸣及思考（图1-21）。

图1-19　昆虫形态首饰

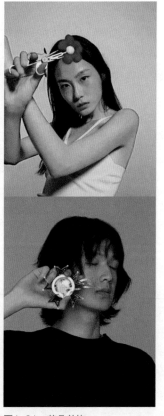

图1-20　戒指"傲慢"

图1-21　花朵首饰

4. 叙述故事型

叙事型的作品通常是令人着迷的，因为它为观赏或佩戴者提供了一个机会，即通过一件首饰作品了解与之相关的一个事件或一种行为。由于首饰设计中可以结合绘画、雕塑、影像等元素，所以作为媒介，它显然可以成为一种叙事的手段。

英国首饰艺术家安娜·塔尔博特（Anna Talbot）擅长将童话和歌谣中的狼、鹿、森林和小红帽等内容作为她创作的核心元素（图1-22），通过形象、颜色和材料来讲述一个故事，希望人们能通过她的作品获得启发，不断创造新故事。

日本当代首饰设计师浅木前田（Asagi Maeda）擅长用制作首饰的方式来讲故事，作品充满了温暖、幻想和对生活情趣的洞察力。她关注身边的人、事、物，喜欢透过车窗观察思考生活着的城市（图1-23）。

5. 符号图示型

符号是常用的一种传达信息的手段，它用以表示或象征人、物或概念等复杂事物，可以是图案状的，如基督教的十字架、医疗机构的红十字；可以是描绘性的或是以字母代表的，像是克罗之心（Chrome heart）系列首饰（图1-24）。

别针是朋克的标志。在伦敦，别针被认为是粗俗和激进的时尚风格，但对于波兰设计师埃斯特·克诺贝尔（Esther Knobel）来说完全相反：它是人类从大自然学来的用具，关联着她的童年岁月。克诺贝尔的作品中常用别针作为首饰作品表现的主题（图1-25）。

6. 微小雕塑型

雕塑型首饰是看起来既像艺术品又像珠宝一样可佩戴的作品，具有佩戴和陈列两大功能。设计雕塑型首饰需考虑到形状、形式、颜色、质地对观者情感上的影响。以动态雕塑闻名世界的亚历山大·考尔德（Alexander Calder）曾经设计了一组首饰作品（图1-26），致力于将极简

图1-22 叙事首饰作品（一）

图1-23 叙事首饰作品（二）

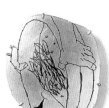

图1-24 克罗之心（Chrome heart）系列首饰

图1-25 朋克风格首饰

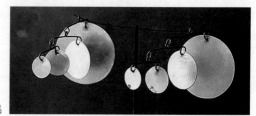

图1-26 微缩首饰作品

图1-27 巴洛克风格首饰作品

美学以"微缩"的尺寸和形式来演绎。通过锤击和捆绑，赋予金属独特的外形。这些用金属丝和金属片制成的首饰看起来轻巧，却以扩张的外形，有力地激活着它所处的空间。

当代首饰艺术家卡尔·弗里奇（Karl Fritssch）的作品重新诠释了巴洛克风格的镶嵌工艺，造就了充满几何感和雕塑感的首饰作品（图1-27）。他将红宝石、蓝宝石等镶嵌在金、银或铁里，创造出一个介于未来主义和蒸汽朋克之间的想象世界。在他的珠宝作品中，有着孩子般的顽皮和叛逆的不羁，同时拥抱传统的首饰工艺，大胆地突破了原本的界限，达到了前所未有的创作高度。

二、当代首饰的分类

首饰艺术发展到当代，奢侈和特权等象征作用逐渐淡化，而深化了对材料、形式、色彩的研究。

当代首饰需要通过材料来表现其内涵（图1-28、图1-29）。

以色列艺术家陈阿泰（Attai Chen），不拘泥于传统材料的束缚。金、银、木等各种材料，甚至是再生纸、生锈的金属，在他手中都能变成美轮美奂的艺术首饰（图1-30、图1-31）。

天然材质如动物的皮毛，触感柔软温暖，而花纹则充满野性奔放之美；木材的质地、纹路，有着质朴敦厚的韵味（图1-32）；粗糙斑驳的石头，予人沧桑原始之感；花朵的美丽娇柔，凸显女性之美；珠宝玉石给人华贵、绚丽、庄重、高雅之感；人工材质里透明澄澈的玻璃，带来清凉梦幻的感觉（图1-33）；冰冷闪耀的金属，具有摩登现代的科技感，给人刚直、理性、冷峻之感，而彩色宝石（图1-34）以其丰富多变的色彩成为艺术家们表达情感的窗口；纯净细致的陶瓷，流露出高贵与典雅的气息；纸质材料在当代首饰中的运用也展现了各种造型。

日本艺术家兼设计师草本麻里子（Mariko Kusumoto）用聚酯纤维、尼龙和棉花等柔软的纤维表现了游丝珊瑚和海洋生物（图1-35）。在独立的雕塑嵌入了微小的涟漪，是对生命形式的半透明再现，其精致的构图与主题的脆弱相呼应。

瑞典当代杰出艺术家桑娜·斯维达斯特·卡布（Sanna Svedestedt Carboo）以皮革为核心媒介，巧妙地将这一传统材料转化为首饰设计的主角（图1-36）。她的作品不仅具备高度的佩戴性，更深刻地探讨了身份认同、家族遗产与文化传承之间的微妙联系。通过巧妙地错位布置元素或选用非传统、出人意料的材料组合，桑娜·斯维达斯特·卡布成功地挑战了观者的常规认知边界，引领观众进入一个充满惊喜与深思的艺术空间。

图1-28 新材料首饰作品（一）

图1-29 新材料首饰作品（二）

图1-30 新材料首饰作品（三）

图1-31 新材料首饰作品（四）

图1-32 木材首饰作品

图1-33 玻璃首饰作品

图1-34 宝石首饰作品

图1-35 纤维塑料首饰作品

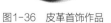

图1-36 皮革首饰作品

本章总结

　　本章重点在于探讨当代首饰的定义和起源。学生需要深入理解首饰的概念及其演变过程，了解首饰在不同文化和历史背景中的多样性。难点在于理解首饰的文化涵义和其在社会中的角色，理解材料的特性和设计技术的实际运用。学生需要理解不同材料对设计风格的影响，并掌握一定的造型技巧，理解首饰多元性和其在社会背景下的适应能力。

课后作业

　　（1）利用现有资料，选择一款自己喜欢的当代首饰作品进行分析。
　　（2）参与一个团队项目，共同设计一组符合特定主题的首饰系列。

思考拓展

　　（1）学生可以深入了解数字化设计工具和3D打印技术在首饰设计中的应用，并分析其对传统工艺和创作方式的影响。
　　（2）引导学生关注可持续性设计理念，思考在首饰制作过程中如何减少对环境的影响，并提出具体的设计方案。
　　（3）鼓励学生关注当代社会问题，如社会平等、文化多样性等，通过首饰设计表达对这些问题的思考和态度。

课程资源链接

课件

第二章

当代首饰设计的
要素与原则

首饰款式美的重点是形象美，形象美离不开色彩、线条、形体等感性形式。它作用于人的感官，影响人的思想，给人以审美感觉。因此，首饰设计与其他设计的不同之处在于：它要求设计者用最精准的语言在方寸之间表达一个明确的概念或完整的想法。在小小的空间里，每一根线条、每一个点、每一种色彩、排列都要非常讲究。

第一节 首饰设计基本方法（点、线、面）

人对于造型的认知是由点、线、面等造型设计元素对视觉进行刺激而形成的。虽然首饰造型作为一个整体对人们的视觉产生刺激，但是点、线、面等设计元素都有着各自的个性，且分别会激发人们不同的情感反馈。

一、点

点是设计语言中一个相对的概念，它的存在是相较于线与面而界定的。点本身具备丰富的表现力，可以通过大小、虚实、疏密、张弛等多种变化来塑造不同的视觉效果。其大小并非绝对，而是通过与周围元素的相对比例来体现的。在相同的视觉环境中，当某个元素与其周遭要素的相对面积差异越显著时，其作为点的特征便越加凸显；反之，若差异减弱，则该元素便趋向于失去其作为点的独特性质，转而融入线或面的构成之中。

首饰设计中小的宝石就可以理解成"点"。点的形状不同，给人的视觉及心理的反应也不同。一个外形凸的点给人的感觉向外扩张，反之，一个外形向内凹陷的点，视觉感觉向内收缩（图2-1~图2-3）。

以色列设计师达娜·哈基姆（Dana Hakim）的作品利用交织在一起的铁片，通过不同角度的旋转，给人带来变幻莫测的新奇体验。通过不同网格的交叉及形状、透明度、颜色组成的变化，使取材于旧扩音器的网眼铁形成多变的纹路，呈现幻动的首饰视觉。

设计中点的使用可以产生各种丰富的联想和情感。虽然点有形状和大小，但由于能感觉出的点的大小尺度很有限，通过表现出无限的形的变化有困难。所以在实际运用中，对于点的利用，重点不要放在刻意追求点的外形变化上，而应该以点的空间关系为重点（图2-4）。

图2-1 点元素首饰作品（一）

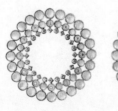
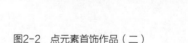

图2-2 点元素首饰作品（二）

图2-3　点元素首饰作品（三）

图2-4　点元素首饰作品（四）

二、线

　　线是设计造型的基本要素。线的粗细、曲直、倾斜、刚柔、起伏、波动等代表动或静，或反映了某种情感。如粗线富有男性强有力的感觉，但缺少线特有的敏锐感；细线具有锐利、敏感和快速度的感觉；由粗至细的一组射线给人一种现代的锋利之感，弧形曲线则给人柔美之感（图2-5）。线由长短曲直、宽窄缓急而形成水平、垂直、对角等状态。常用的直线有平行直线、放射线、折线和交叉线；曲线有平行波浪线、弧线、同心圆线、心形线和花瓣型线等。线的密集则产生面。

图2-5　线元素首饰作品（一）

　　在造型学上，直观与非直观两种不同概念的线（图2-6）同时存在，并发挥着不同的作用。直观的线明确存在于造型形体表面处，是面与面的分界线、体与体的分割线；而非直观的线存在于两个面的交接处、立体形的转折处、两种色彩交接处等。

图2-6　线元素首饰作品（二）

三、面

面是线的移动轨迹，是体的外表。点和线的密集可形成虚面，点和线的扩展也可以形成面。面本身的分割、合成和反转也可以形成新的面。

首饰艺术作品的外形轮廓与表面质感，是塑造其独特视觉效果的关键因素，它们共同赋予观者以清晰、理性的直观感受。在形态设计上，直线与曲线的巧妙组合能够构成几何面，这类设计往往展现出一种纯粹、明快且简洁的美学特质，同时也不乏冷峻的机械美感。相反，那些灵感源自生命形态或偶然形态的非几何面设计，则以其生动多变的形态与丰富的情感表达著称，虽然结构较为复杂，却更能触动人心，引发观者的情感共鸣（图2-7）。

图2-7 面元素首饰作品

第二节 首饰色彩及搭配方法

首饰是艺术家与观赏者沟通的桥梁，亮眼的色彩容易引起消费者的注意，能够体现作品的特点及价值。如红色使人联想到火、热情、危险；绿色使人联想到草木、和平、希望；白色使人联想到神圣、纯洁等。对于同一种颜色，年龄、职业、文化背景等不同，人们会有不同的联想，并产生不同的感受。

色彩作为形态不可或缺的基本要素之一，广泛存在于除无形空气外的所有有形之物中。在形态的色彩构成中，两大核心因素尤为重要。

（1）物体本身的表面色彩。

（2）物体本身色彩和光线的结合。

在当代首饰艺术作品的众多因素中，色彩最能够激发人们佩戴的欲望。颜色在人们日常生活中随处可见，色彩对于人类的生理、心理都有着极大的影响力，不同的色彩有不同的特性，给人的感觉也不尽相同（图2-8）。

为了得到大众认可，有效刺激大众消费，设计师可利用作品系列化的形式，设计色彩群组，使色彩搭配增大商品的视觉冲击力，吸引消费者眼球，使消费者对该首饰艺术作品印象深刻。例如，迪奥·部落（DIOR TRIBALES）系列首饰（图2-9）。

图2-8 首饰作品中的色彩搭配

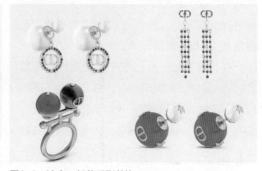

图2-9 迪奥·部落系列首饰

第三节 形态美学原则

一、整体与局部

整体与局部间有机统一、相互依存，通过特定结构紧密相连的动态平衡体，展现出超越局部的独特和谐美学（图2-10）。

二、对比与统一

对比与统一是设计原则的核心，通过色彩的变换、线条的曲直等手法实现整体的和谐与视觉冲击。

1. 对比

（1）聚散对比。聚散对比指密集图形和松散空间形成的对比关系。为了处理好它们的关系，应注意保持各个聚集点之间的位置联系，并且要有主要的聚集点和次要的聚集点之分（图2-11）。

（2）大小对比。大小对比容易表现画面的主次关系（图2-12）。在设计中，设计师经常会把主要的内容和比较突出的形象处理得较大。

（3）曲直对比。曲直对比指曲线与直线的对比关系（图2-13）。画面中过多的曲线会给人不安定的感觉，而过多的直线又会给人过于呆板、停滞的印象。所以，应采用曲直结合的方式。

（4）方向对比。凡是带有方向性的形象，都必须处理好方向的关系。在画面中，如果大部分元素的方向近似或相同，而少数元素的方向不同，就会形成"方向"对比（图2-14）。

图2-10　整体与局部首饰作品

图2-11　对比空间首饰作品

图2-12　大小对比首饰作品

图2-13　曲直对比首饰作品

（5）明暗对比。任何作品都必须有明暗关系的适当配置（图2-15），否则会使画面混沌而没有主次。

除了上述所提及的对比关系外，设计领域还广泛运用肌理对比（图2-16、图2-17）、虚实对比（图2-18）以及色彩对比等多种手法。这些对比元素通过其独特的视觉特性，进一步丰富了设计作品的层次感与表现力，使作品更加生动、立体且引人入胜（图2-19、图2-20）。

图2-14　方向对比首饰作品

图2-15　明暗对比首饰作品

图2-17　肌理对比首饰作品（二）

图2-16　肌理对比首饰作品（一）

图2-18　虚实对比首饰作品

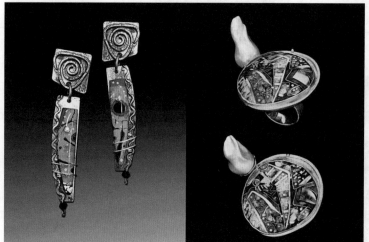

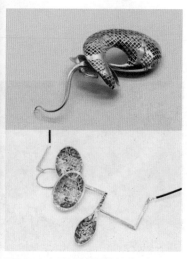

图2-19　色彩对比首饰作品（一）

图2-20　色彩对比首饰作品（二）

2. 统一

统一是考虑如何将所有的局部组成一个协调的整体，在视觉上形成有秩序而非杂乱无章的组合，并在整体协调的同时不失去局部关系的丰富性。统一在日常生活中随处可见，如图书排版，会有统一的页眉、页脚、段落留白、文字间距等，其目的是让文本内容在视觉感受上更像一个整体。

（1）形象特征的统一。形象特征的统一（图2-21）指整体的特征风格要调和统一。在多种形象元素存在的画面里，需达到形象特征的统一。

（2）色彩的统一。首先明暗关系做到统一，其次色相做到统一。具体来说是以同类色为主调，配置以适度的间色，再以少量的对比色加以提示，起到画龙点睛的效果（图2-22）。

（3）方向的统一。凡是带有长度的形象，都具有方向性。一般情况下，在整体画面中，要有一个主流方向，同时也要有适当的接近主流方向的支流加以配合，这样的作品才会给人以美感（图2-23）。

三、虚与实

当代首饰设计中，虚实关系的运用是艺术创造的一个重要手段。在首饰的造型设计中，虚与实指产品的形状、大小、材料、色彩及其表面纹理等要素的一致性或相似性（图2-24）。当代首饰设计中，实形和虚形互相依赖，共同构成了重要的美学形态。

图2-21　整体风格统一首饰作品

图2-22　色彩明暗统一首饰作品

图2-23　方向统一的首饰作品

图2-24　虚实表现首饰作品

本章总结

    本章聚焦首饰设计的基本方法，包括点、线、面的运用，侧重形态美学原则的应用，包括整体与局部的关系、对比与统一的平衡及虚与实的巧妙运用。学生需要理解这些基本元素在首饰设计中的作用，重点注意设计的简洁性和几何形状的运用。关注首饰设计中色彩的运用和搭配方法，并理解不同颜色对设计和情感的影响，巧妙地搭配色彩以达到更好的视觉效果。

课后作业

    （1）利用点、线、面构成方法进行首饰设计
    要求：
    1）首饰类别不限。
    2）表现形式不限。
    3）每种形式不少于3个草图。
    （2）根据所学当代首饰设计要素与原则，自选题材设计进行设计。
    1）工具准备：
    ●自备绘图工具，水彩、水粉颜料或马克笔不限。
    ●提供绘图纸2张。
    ●可使用绘图软件。
    2）操作内容：绘制首饰设计效果图及三视图，并附150字左右的设计说明。
    3）操作要求：
    ●主题明确，要求款式时尚新颖，有原创力表现，符合设计结构。
    ●色彩搭配和谐，符合设计主题要求。
    ●首饰设计效果图要求比例准确，形象生动。
    ●首饰设计效果图表达熟练准确，款式结构设计紧密且富有逻辑性。
    ●附150字左右的设计说明及三视图。

思考拓展

    （1）思考当代首饰设计中更深层次的要素和原则。
    （2）研究心理学和文化，理解不同文化和群体对首饰设计的审美偏好，以更好地满足多样化的市场需求。
    （3）探讨新材料和技术对形态美学的影响，思考如何运用先进的制作工艺来创造独特的首饰设计。

课程资源链接

课件

第三章

当代首饰设计的
调研和思维

第一节　设计调研

一、设计调研技巧

1. 设计调研步骤

（1）根据客户或生产要求，构思方案，在纸上尽可能多地勾画出造型和结构草图。

（2）以1∶1（或其他）的比例将构思成熟的造型按照投影原理，用铅笔画出三视图或二视图，复杂结构可画出局部剖面图，并对其进行修改和完善。

（3）在正式确定的多视图铅笔稿基础上，用0.2mm的针笔正确勾勒出图形。

（4）用0.1mm的针笔画出宝石面上的刻画线。

（5）用0.3mm的针笔重复绘制某些部位的线条，表现转折厚度增强图的立体效果。

（6）用0.5mm的针笔点出一些小尺寸的爪镶、爪头。

（7）标出主要尺寸和比例，用橡皮轻轻地擦去铅笔勾形时的黑线图的绘制，完成常规视图。

（8）如果设计中不考虑绘制立体效果图，则可在视图上用彩笔绘出宝石、金属颜色和光泽，并尽量表现立体效果。

（9）按照多视图标明的结构和尺寸，根据透视原理做出相应的立体效果图。

（10）按照熟悉和认定的上色手法，在立体效果图上用彩笔绘出宝石和金属颜色、光泽，并勾勒出轮廓和特征线条，突出表现立体效果。

（11）按照特定的设计需要，可以对立体效果图进行背景渲染，再进行适当的装帧。

二、设计优化

任何设计都可能需要若干次修改，这是不断完善设计的必经途径。任何设计的修改和完善，都应该在图纸和说明书上得到及时的反映。要求修改时通常有如下的理由。

（1）市场反馈信息要求对产品造型或用料做出调整。

（2）消费者对产品的意见和改进建议。

（3）试制样品过程中，或生产工艺和设备运行中出现情况，就需要调整设计。

（4）设计者有了更好的构思，主动进行修改等。

第二节　创意与构思

一、首饰设计中的构思

1. 遵循美学原则

从追求卓越的视觉呈现出发，首饰设计师可通过逆向思维探索创意脉络，精心寻觅内容素材并巧妙包装主题。这一策略是设计过程中高效且富有成效的方法之一（图3-1）。

设计师玛丽亚·博贾诺（Maria Boggiano）擅长用柔软材质和丰富的色彩进行首饰设计创作（图3-2）。她的珠宝设计大多采用皮革搭配鲜活的颜色，以欢快的形式呈现在人们眼前，犹如从传统珠宝设计独立出来的一个不同的世界。

设计师斯蒂凡妮·卢切塔（Stefania Lucchetta）的珠宝设计（图3-3）是结构和几何图形

图3-1 强烈的视觉形式首饰作品

图3-2 设计师玛丽亚·博贾诺作品

图3-3 设计师斯蒂凡妮·卢切塔的珠宝设计作品

之间的探索之旅。

　　珠宝设计运用形式美法则中的节奏与韵律（图3-4），体现在各元素的风格、样式在统一前提下的变化。具体来看，主要体现在图画中点、线、面、形、色的大小、轻重、虚实、快慢的变化。

　　采用类似群化的组合，体现设计风格。"点"的外形并不局限于一种形，也可以是正方形、三角形、矩形及不规则形等群化组合，其特点在于统一之中孕育着变化（图3-5）。

2. 反映设计需求

　　设计师乃珠宝之灵魂匠人，每位均以其独树一帜的设计风格，深刻诠释并传承美的精髓与真谛。

　　施华洛世奇（Swarovski）推出的杜尔科斯（Dulcis）系列波普艺术风格首饰（图3-6），

图3-4 韵律表现首饰作品

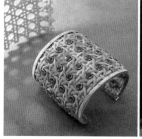

图3-5 群化组合首饰设计

图3-6 施华洛世奇推出的杜尔科斯系列波普艺术风格首饰

其灵感来自波普艺术运动中的雕塑，枕形切割的仿水晶首饰造型俏皮又柔和。该系列中的手链及项链皆采用精密切割的仿水晶作为主石，挂在编织绳或链条上的设计，极具趣味性。

宝诗龙（Boucheron）创意总监克莱尔·乔伊斯（Claire Choisne）提出了大胆的构想：以丰富多样的几何图形与设计图案，采用明亮色彩营造出的鲜明对比，彰显夸张比例。新颖材质搭配、夸张比例和绚丽色彩，焕新演绎高级珠宝经典之作（图3-7）。

宝诗龙系列璀璨呈现孟菲斯艺术精髓，以温和反叛美学与破格视觉风尚，重塑珠宝艺术新境界。设计师匠心独运，编织一个自由奔放、想象无垠的珠宝宇宙，彻底颠覆高级珠宝的传统框架，深刻传达其核心价值——革新创艺，尽显宝诗龙品牌的不凡魅力与前瞻视野。

图3-7　宝诗龙创意总监克莱尔·乔伊斯作品

日本漆艺术家松岛樱子创作了一系列以大漆为主要媒材的艺术性首饰（图3-8）。其作品由大漆、竹、麻布、金粉、金箔、夜光贝等多种材料制成，造型夸张，富有力量，以独特的艺术语言和新颖的造型方法，为现代漆艺首饰的研究提供了一定借鉴和参考，体现了大漆工艺从实用功能向审美功能的转变。

二、创作手法

1. 形式构成法

现代首饰本身就是形式主义的。因此，首饰佩戴在人身体上为的是美观与装饰，给佩戴

图3-8　日本漆艺术家松岛樱子首饰作品

者与观赏者一种审美感受（图3-9）。当代首饰设计在功能、材料、造型和色彩上都经历了多方面的发展与变化，寻找并发现全新的形式设计语言以更好地表达人们对生活的感知。深入研究艺术设计形式的内在规律，并灵活应用这些规律，能够精准地确立首饰形式美在设计中的核心地位。首饰艺术的持续创新，本质上要求形式的不断创新与突破。构成主义则提供了一种独特的视角，它超越物体的外在表象，通过精炼的轮廓或微妙的细节，深刻展现现实世界的本质与丰富情感。

珠宝设计师雅尔·索尼娅（Yael Sonia）以其现代且复杂的珠宝设计著称，对她而言，珠宝不仅是奢华的装饰，更是个人情感与自我表达的深刻载体。每一件作品都超越了物质层面的价值，成为探索与展现个体独特魅力的独特语言。索尼娅致力于为每一位女性佩戴者量身打造珠宝，她相信每个人都会将自己的节奏感、运动感和风格带到她们选择佩戴的首饰中。永恒动力（Perpetual Motion）系列（图3-10）是设计师受到钟摆、陀螺等装置的启发，将宝石重新想象成完美的圆形球体。设计中没有尖头和传统的设定，旋转陀螺（Spinning Top）将其不断旋转的部件精确地放置在金属框架内，不仅在视觉上，在戒指、项链、耳环和手镯的听觉效果上都

图3-9 装饰性较强的首饰作品

图3-11 多元化当代首饰设计

图3-10 珠宝设计师雅尔·索尼娅作品

图3-12 仿生首饰设计

图3-13 华裔设计师翁狄森的花格图案系列首饰

给人带来了全新的体验，使人获得愉悦感。该系列既是珠宝也是"玩具"，让佩戴者在寻求时尚之余找到快乐童年的感觉。

现代艺术首饰中的"现代"要求，即在首饰设计中，设计师应确保现代艺术首饰设计的概念思想与现代艺术思潮相一致。基于这一要求，现代首饰的设计应重视与抽象主义、立体主义、构成主义等思想的融合，实现首饰材质、造型、情感等要素的多元设计（图3-11）。

2. 主题仿生法

仿生设计法（图3-12）是一种重要的主题要素表现手法。珠宝首饰设计题材常常取自自然万物，以代表美好、象征幸福的花朵、藤蔓等最为常见。仿生方式有具象仿生、抽象仿生、意象仿生等。在具体设计中，设计师可以将不同方式相结合并进行优化。仿生设计可在大自然中找到生物原型，可以不断在进化中推演合理性或在时代美学中进行迭代。它是一个永恒的探索、推翻、再发现、再更新的奇妙过程，能为艺术表现提供源源不断的衍生和延展形式。

华裔设计师翁狄森（Dickson Yewn）的花格图案（Lattice Florale）系列首饰（图3-13），以中国传统建筑中的窗格为灵感，在镂空的方形戒托上呈现花卉、昆虫等具有诗意的自然主题。这一系列构思最巧妙的是正方形的戒指轮廓，戒壁的四个侧面都如同雕花木窗，镂空图案模仿了窗格上丰富的装饰花纹。透过窗格的缝隙可以看到细腻的拉丝纹理，如同窗格上的天然木纹。

3. 文化隐喻法

文化创新是文化创意产业发展的核心举措，也是国家的规划重点。以首饰为载体进行传统文化传承创新是弘扬历史文化的有效方法。

作品敦煌雅韵（图3-14）灵感来源于敦煌莫高窟第205窟中的"三兔共耳"莲花藻井图案。"月中何有，白兔捣药"，表达了三兔共耳的意境，体现了前世、今生与来世彼此追随、永远相守的美好寓意。作品将"三兔共耳"图案几何化并从中提取线条，将直线转换为不规则曲线，更具灵动感。作品在材质上选择了18K金、钻石、珍珠和黑玛瑙，工艺上则选择了珐琅工艺，用珐琅工艺展现该藻井原有的配色，金属表面则进行喷砂处理，给人以古朴优雅之感。敦煌文化是世界文明长河中的璀璨明珠，也是中国文化中不可缺失的文明瑰宝。无论是过往还是今朝，敦煌文化总能激发人们对辉煌时代的无尽回味与深刻反思。为守护这份宝贵的文化遗产，数代学者前赴后继，以实际行动确保敦煌文化持续绽放其独特魅力。

罗伯特·贝恩斯（Robert Baines）是澳大利亚工艺大师，被称为"活的宝藏"。他认为，珠宝不仅是装饰品，也是一种文化、考古和技术文献的载体。他的作品（图3-15）深刻揭示了珠宝艺术化进程的演变，即从最初将珠宝视为单纯物质，逐渐发展到认识到其创作过程本身就是一种精神追求的体现。这一过程标志着，当无形的创意灵感被赋予形态，转化为具体的珠宝作品时，它不仅成为美的化身，更是设计师精神世界的物化展现。

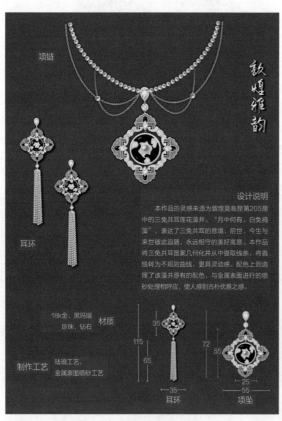

图3-14　中国首饰设计师白惠京作品

图3-15　澳大利亚工艺大师罗伯特·贝恩斯作品

第三节　设计方法与表现技巧

一、首饰设计方法

1. 绘图工具

首饰设计中常用的绘图工具有如下几种。

（1）纸：A4打印纸、速写本、绘图纸、硫酸纸、黑卡纸等。

（2）笔：HB铅笔、0.3自动铅笔、0.1针管笔、0~6号描笔、底纹笔、彩色铅笔、纸等。

（3）模板：专用首饰模板、三角板、圆形模板、椭圆形模板、直尺等。

（4）颜料：水彩、水粉、水溶彩铅等。

（5）其他：橡皮、裁纸刀、笔洗、面巾纸、双面胶、糨糊、画板等。

2. 宝石的画法

首饰设计中常用的宝石有刻面琢型与蛋面琢型两种，主要形态包括：圆形、椭圆形、马眼形、梨形、心形、矩形、梯形、祖母绿形、球形等（图3-16）。

（1）圆形刻面宝石的画法（图3-17）。

1）画出十字定线和45°角分线。

2）使用圆形规板，依据宝石的直径作为半径，绘制一个圆。这个圆即为圆形切割设计的外轮廓线。

3）连接十字定线与圆形外形线之间的交叉点，则形成一个正方形；同样连接对角线与圆形外形线之间的交叉点，形成另一个正方形。

4）擦掉辅助线，画出整个桌面阴影。

（2）椭圆形刻面宝石的画法（图3-18）。

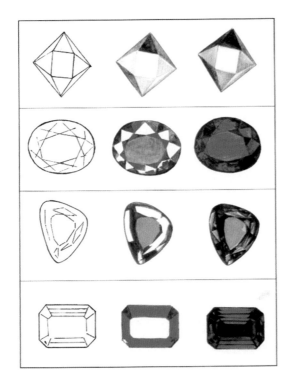

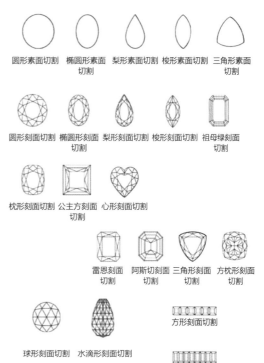

圆形素面切割　椭圆形素面切割　梨形素面切割　梭形素面切割　三角形素面切割

圆形刻面切割　椭圆形刻面切割　梨形刻面切割　梭形刻面切割　祖母绿刻面切割

枕形刻面切割　公主方刻面切割　心形刻面切割

雷恩刻面切割　阿斯切刻面切割　三角形刻面切割　方枕形刻面切割

球形刻面切割　水滴形刻面切割　方形刻面切割

图3-16　宝石琢型画法

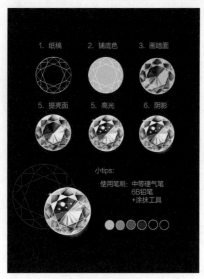

图3-17 圆形刻面宝石的画法

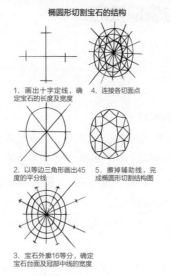

图3-18 椭圆形刻面宝石的画法

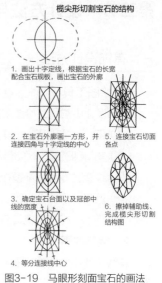

图3-19 马眼形刻面宝石的画法

1）画出十字定线，在宝石宽度和长度的1/2处标上记号。

2）以椭圆规板画出能通过记号的椭圆。

3）连接十字定线与椭圆之间的交叉点。

4）将顶点至长度一半部分分成三等分，在1/3处标上记号，画出宝石切割面。

5）擦掉辅助线，画出整个桌面阴影。

（3）马眼形刻面宝石的画法（图3-19）。

1）画出十字定线，决定宝石的长度及宽度，以十字定线之交叉点为中心点，在宝石宽度及长度的一半处画上记号。

2）将圆形规板的水平记号与水平定线相应结合，画出能通过该记号的圆弧。

3）连接十字定线与圆之间的交叉点。

4）将顶点至长度的一半部分分成三等分，在1/3处画出宝石的切割面。

5）擦掉辅助线，画出整个桌面阴影。

（4）梨形刻面宝石的画法（图3-20）。

1）画出十字定线，以宝石宽度为直径画出半圆，以宝石之长度在纵轴标上记号。

2）将圆形规板的水平记号与水平定线相应合，画出能通过该记号的圆（左右两边各画一个）。

3）连接十字定线与梨形之间的交叉点。

4）从顶点至水平定线中心之间分成三等分，在1/3处标上记号并画出平行线，底部也以相同间隔画出平行线。

5）连接这些线与梨形之间的交叉点。

6）擦掉辅助线，画出整个桌面阴影。

（5）心形刻面宝石的画法（图3-21）。

1）画出十字定线，画两个以心形宝石宽度一半为直径的半圆。

2）以宝石的长度为纵轴，以圆形规板连接两圆与下部之底点，形成心形。

3）连接各个圆之中心与十字定线之间的点，在顶点到水平线之间的一半处标上记号，并画出水平线，下半部也以相同的间隔尺寸画出水平线。

4）连接上下水平线与圆之交叉点。

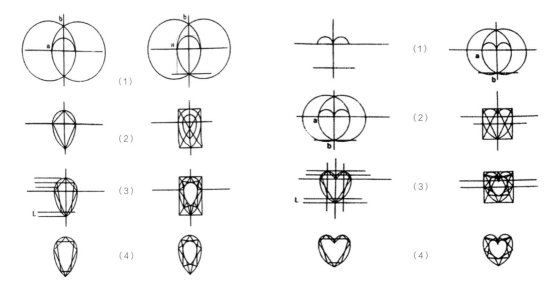

图3-20 梨形刻面宝石的画法　　　　　　　　图3-21 心形刻面宝石的画法

5）擦掉辅助线，添加阴影。

（6）梯形刻面宝石的画法。

1）画出十字定线，根据宝石的长度和宽度标上记号。

2）连接这些记号，形成梯形四边形。

3）将上半部分成三等分，1/3处的宽度就是梯形与桌面之间的尺寸。

4）以同样的间隔尺寸画出宝石之桌面，并连接桌面与外围梯形的四个角。

5）擦掉辅助线，添加阴影。

（7）祖母绿形刻面宝石的画法（图3-22）。

1）画出十字定线，决定宝石的长度和宽度后，画出长方形。

2）将宽度的一半三等分，在1/3处画出宝石的桌面。

3）以宽度一半的尺寸将宝石三等分并标上记号，连接这些点后形成宝石底面。

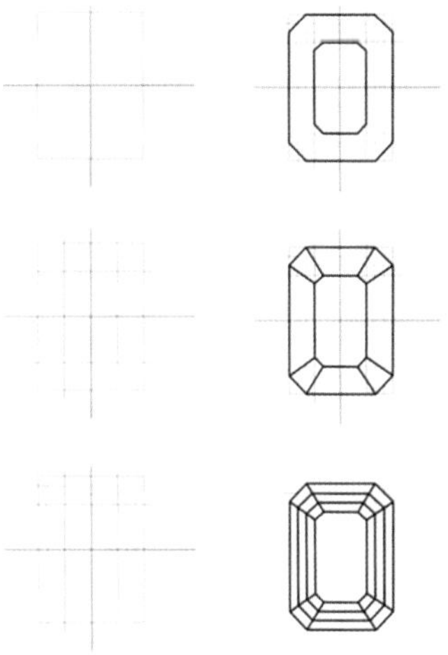

图3-22 祖母绿形刻面宝石的画法

4）连接记号点与桌面之延长线和外围长方形之交叉点。

5）使用三角板画平行线及宝石切割面，去掉四个角，此时注意宝石是否有歪斜现象，所切除的四个角必须完全一样的角度。

6）擦掉辅助线，添加阴影。

（8）贵金属的画法。

珠宝首饰中一般使用的贵金属有铂金、黄金、银及各种K金等。常见的金属花形有平面的、浑圆的、弯曲面的。金属与木料或纸等材料不同，金属有反射光，表面有光泽。因此，画光泽面时，亮的部分与阴影部分要以较强的对比来表现。

平面金属的画法（图3-23）如下。

1）画一条有动感的线条。

2）沿着这条线，空出间隔，以同样的轨迹画出另一条线。

3）连接最后的部分。

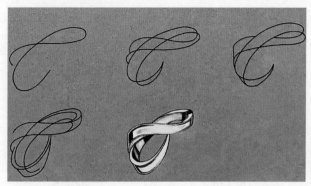

图3-23 平面金属的画法

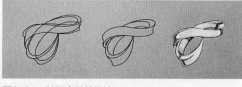

图3-24 凹面金属的画法

图3-25 凸面金属的画法

4）描绘出厚度。

5）将内侧看不到部分的线条擦掉。

6）描绘阴影。

凹面金属的画法（图3-24）如下。

1）画一条有动感的线条。

2）沿着这条线，空出间隔，以同样的轨迹画出另一条线。

3）连接最后的部分。

4）将两侧画成往内侧弯曲。

5）将内侧看不到部分的线条擦掉。

6）描绘阴影。

凸面金属的画法（图3-25）如下。

1）画一条有动感的线条。

2）沿着这条线，空出间隔，以同样的轨迹画出另一条线。

3）连接最后的部分。

4）决定其厚度后，描出金属浑圆，鼓起的线条。

5）将内侧看不到部分的线条擦掉。

6）描绘阴影。

二、戒指的三视图及透视画法

首饰设计中一般要画四个视图，即顶视图、正视图、侧视图与透视图。在所有首饰设计类型中，戒指最为复杂，其三视图中的三个视图一般都需要绘制，其他款式需要两个即可（图3-26）。

（1）戒指顶视图的画法（图3-27）。

1）在十字定线中间画一个椭圆形切割的宝石。

2）画出四只镶爪。

3）擦掉宝石的辅助线，标出圈部的宽度。

4）以画金属的要领，画出单边的圈部。

5）在另一边画出同样的对称图形。

6）利用宝石规板画3颗马眼形的配石。

7）以同样方法在另一侧画出相同的马眼形配石。

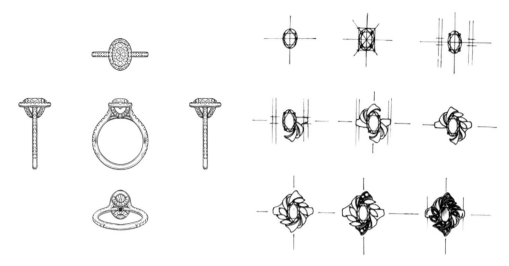

图3-26　戒指三视图及透视图的画法　　　　　图3-27　戒指顶视图的画法

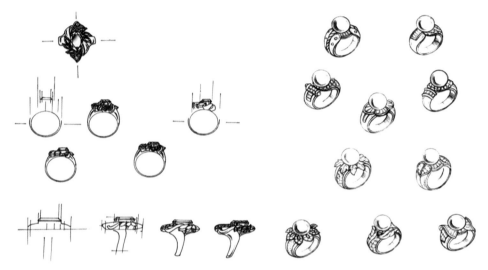

图3-28　戒指正视图的画法　　　　　图3-29　戒指透视图的画法

8）使用圆形规板在金属部分各画出两颗的钉镶配石。

9）在所有配石上面添加镶爪，描上阴影即可。

（2）戒指正视图的画法（图3-28）。

1）依据平面图，在圈部的上方标出各部重点，画上垂线，接着定出主石和圈部的高度。

2）画出宝石的桌面，并描出镶爪的宽度和厚度，同时画上金属装饰部分。

3）以手描方式将肩部与圈部连接起来，再画上椭圆的配石。

4）画出各宝石的切割面，擦掉辅助线，描出阴影。

（3）戒指透视图的画法（图3-29）。

1）画出基本雏形的椭圆，并画出标出中心点及高度的定位线。

2）在中央处画出斜看的椭圆宝石及其高度。

3）在圈部标出宽度及厚度，描出装饰的金属。

4）画出马眼形的配石及宝石的高度。

5）描画主石及马眼配石的镶爪，并添加钉镶式的配石。

6）擦掉辅助线，画宝石切割面及配石的镶爪，最后描影。

本章总结

（1）本章强调对当代首饰设计领域的深入调研，包括市场趋势、竞争对手、消费者需求等方面。学生需要培养对行业的敏感性，了解市场的动向及各种设计风格的流行趋势。

（2）侧重于培养学生的创意思维和构思能力。学生需要理解如何通过首饰的风格、元素、语言和故事来传达设计的独特性和深层次的意义。

（3）涵盖设计方法和表现技巧，包括手绘、模型制作、数字化设计等方面。学生需要掌握不同的设计工具和技术，以有效地表达他们的设计理念。

课后作业

（1）选择一个特定的首饰市场细分领域，进行市场调研报告，包括竞争分析和潜在机会。

（2）通过参观首饰展览或阅读设计杂志，收集并整理不同设计师的作品，总结其设计特点和风格。

（3）撰写一篇关于当代首饰趋势的综述文章，包括对新兴设计师和品牌的介绍。

思考拓展

（1）引导学生研究跨学科的设计理念，如与艺术、科技或可持续发展相关的设计思维，以拓宽设计视野。

（2）鼓励学生在设计中探索跨文化的元素，理解不同文化对首饰设计的影响，以创作更具全球视野的作品。

（3）提倡学生将可持续性理念融入设计，思考如何在材料选择、生产过程等方面实现更环保和体现社会责任的设计。

课程资源链接

课件

第四章

首饰材料与设计应用

材料是人类文明的基础，推动社会进步和高新技术的发展。人类利用不同材料改造自然，从树枝、石块到金属、纳米材料，不断提升改造自然的能力。

第一节　金属材料应用及其首饰作品

金属材料以其独特的现代科技感的冷冽光泽，完美契合了人们对摩登风格的审美追求。巧妙融合形式美感与多样化的设计技法，不仅丰富了产品的视觉层次，更使得整体设计效果更佳，展现出非凡的艺术魅力与实用性。

金属具有可塑性、导电性和导热性等特性，其广泛应用于日常生活和工业生产。金属虽容易受到腐蚀影响，但也因此可以与非金属形成合金，改变理化性质。对金属材料来说，因部分特性，使得设计师可以通过不同的加工工艺稳定地改变金属形态和性能，故金属类材料广受设计师青睐。

位于伦敦的伊丽莎白·希普利亚尼（Elisabetta Cipriani）画廊曾展出过一系列艺术家创作的珠宝，包括一个装满由乔治·维格纳（Giorgio Vigna）所设计的胸针的抽屉（图4-1）。轻巧的"石头"（意大利语"Sassi"）胸针采用铜、银和金等材料制成，是可佩戴的艺术品，反映出设计师对鹅卵石、贝壳和地衣等有机形状的兴趣。

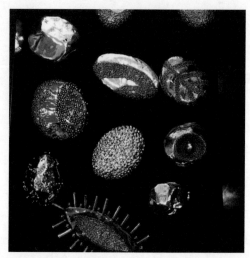

图4-1　乔治·维格纳作品

金属材料分以下两类：

贵金属：黄金、铂金、钯金、钛金、纯银等；

非贵金属：铜及其合金、铝镁合金、镍合金、锡合金、铁、钢等。

一、贵金属类

1. 金及其合金首饰作品

希腊珠宝商拉洛尼斯（Lalaounis）以将古老的黄金工艺与现代珠宝制作技术相结合而闻名。图4-2中作品灵感来自非洲东北部努比亚花瓶上的装饰，这些有质感的黄金耳环将完美的工艺与永恒的设计结合在了一起。

该作品是生生不息（Full Circle）系列的耳环（图4-3），选用莫桑比克产的帕拉伊巴碧玺、海蓝宝石及钻石设计出18K白金耳环。

2. 银及其合金首饰作品

2020年，日本杰出的珠宝首饰设计师佐藤通弘（Michihiro Sato）创作了一款名为"野餐"的胸针作品（图4-4）。该作品巧妙地融合了纸、银、不锈钢及漆等多种材质。传统上，"脆弱"一词常被视作对易碎或易变之物的担忧，但在佐藤通弘的设计哲学中，他却为这一概念赋予了全新的诠释——视为一种成长与变化的契机。

图4-2 希腊珠宝商拉洛尼斯作品

图4-3 生生不息系列的耳环

图4-4 日本珠宝首饰设计师佐藤通弘作品

图4-5 利恩8号首饰作品

图4-6 伊曼纽尔·泰尔品作品

图4-7 宝格丽"翡翠花园"铂金项链

2019年，艺术家特蕾莎·法里斯（Teresa Faris）利用纯银、鸟琢过的木头、不锈钢设计出别针作品"利恩8号"（Lien 8#）（图4-5）。艺术家的"与鸟合作"系列作品探索了人类与动物共存的特点。艺术家回收被鸟遗弃的栖木与木头，结合纯银或黄金支撑结构，创作出独特艺术品，彰显环保与创意。

3. 铂及其合金首饰作品

青年才子伊曼纽尔·泰尔品（Emmanuel Tarpin）作为德·克里斯可诺（De Grisogono）系列的首席客座设计师，为该系列设计出了这套独一无二的白色和黑色钻石铂金耳环（图4-6）。

宝格丽（BULGARI）作品（图4-7）由5位珠宝大师所组成的团队设计，用数百颗钻石和赞比亚祖母绿打造出类似女式冠冕状的宝格丽"翡翠花园"铂金项链。

二、非贵金属类

1. 铜及其合金首饰作品

亨默尔耳环（图4-8）将普通材料与更高贵的元素相结合闻名，由铜、玫瑰金、锆石、橙色蓝宝石和橙色玉石制成。

莉迪亚·库尔泰耶（Lydia Courteille）的"荒野"系列中的戒指（图4-9），其造型为一只勤劳的屎壳郎推着一颗稀有的深蓝色球状铜矿物——蓝铜矿石。

2. 铝及其合金首饰作品

1999—2000年的秋冬时装秀上，肖恩·利尼（Shaun Leane）为亚历山大·麦昆

图4-8　亨默尔（Hemmerle）耳环　　图4-9　莉迪亚·库尔泰耶的荒野系列中　图4-10　亚历山大·麦昆设计作品
的戒指

图4-11　蓝翅膀首饰作品　　　　　图4-12　玛丽安娜·安瑟琳利用银和铁设计　图4-13　亨默尔耳环
的作品"波浪（Ondée）"

（Alexander McQueen）设计了这款卷腹紧身衣（估价为25万~35万美元），其灵感来自恐怖电影《闪灵》（图4-10）。它由97个铝卷组成，是唯一一个由两位设计师签名和注明日期的作品。

图4-11的抽象设计作品被称为"蓝翅膀"。设计师利用不断发生蓝色渐变的铝创造了一个迷人的、流动的形式，顶部镶嵌有钻石。

3. 铁及其合金首饰作品

玛丽安娜·安瑟琳（Marianne Anselin）在2019年利用银和铁设计出了作品"波浪"袖扣（图4-12）。她曾师从吉勒斯·乔内曼（Gilles Jonemann）、埃斯特·布林克曼（Esther Brinkmann，日内瓦首席设计师）和索菲·哈娜佳思（Sophie Hanagarth）等设计师。玛丽安娜·安瑟琳阐释了当代珠宝的精髓：个人表达与人体的关系以及对美的意义的反思。熟铁或生锈的铁是她最喜欢的材料。她的珠宝似乎有灵魂，激发出微妙的诗意。

亨默尔耳环（图4-13）由铁、黑色抛光银、白金及旧式切割钻石制作而成。

宝格丽的高级珠宝腕表——神秘的罗马之蛇（Serpenti Misteriosi）腕表（图4-14），尽管表带很长，表盘上的钻石设置也很复杂，但仍很容易佩戴到手腕上，这要归功于隐藏的钢圈，使手表富有弹性。

纳格利胸针（Nageli）（图4-15）为汉斯·斯托弗（Hans Stofer）所设计，由不锈钢和施华洛世奇水晶制成。

4. 锌及其合金首饰作品

2019年，李东春利用木材、硅胶、细绳、镀锌钢、镍银设计的胸针作品"心"（图4-16）。通过对比天然材料和合成材料，使用自然形式的象征性表现，营造一种宁静和诗意的力量。

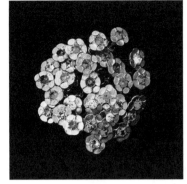

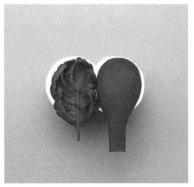

图4-14　宝格丽的高级珠宝腕表　　　　图4-15　纳格利胸针　　　　图4-16　李东春作品

第二节　宝石材料应用及其首饰作品

一、岩石

　　艺术家乔恩·福尔曼（Jon Foreman）用各种形状大小的石头堆叠出漂亮的模型（图4-17），无论是微小的鹅卵石还是大石头，都能在他的手中变成惊艳的艺术品，这些比Photoshop（图像处理软件）效果还要惊艳的石头艺术作品不仅配色完美，更符合黄金比例，治愈力极强。

图4-17　艺术家乔恩·福尔曼作品

二、矿石

　　矿石是由地质作用自然形成，具有特定化学组成和有序排列结构的天然化合物固体。其内部结晶习性塑造了晶型和对称性，化学键特性决定了硬度、光泽及导电性，而化学成分与结合紧密度则共同影响了矿石的颜色与比重。

日本设计师福原佐智设计的祖母绿原矿戒指（图4-18），富有梦幻、浪漫气息。海蓝宝石首饰作品（图4-19）采用海蓝宝石原石和银设计而成，蓝与白的色彩搭配，清新脱俗，灵气逼人。采用碧玺原石设计的吊坠（图4-20），通过红绿双色西瓜碧玺及无色至红色、无色至绿色、红色和绿色的碧玺设计搭配，展示了原石的自然状态，又体现了首饰的设计美感。

宝诗龙旺多姆26号系列（图4-21），融合巴黎地标灵感，大皇宫鸟瞰变身为祖母绿流苏项链，设计独特且可拆卸，集白金、祖母绿、钻石与水晶于一体，尽显巴黎风尚与卓越工艺。

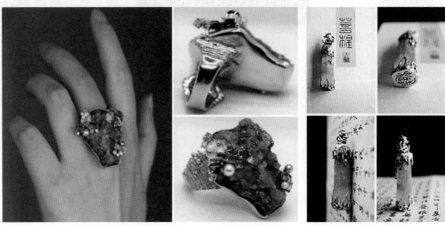

图4-18　日本设计师福原佐智首饰作品　　　　　　　　图4-19　海蓝宝石首饰作品

图4-20　碧玺首饰作品　　　　　　　图4-21　宝诗龙旺多姆26号高级珠宝系列

三、珠宝玉石

珠宝玉石指可用于装饰、工艺或纪念品的各种岩石矿物材料，包括天然珠宝玉石（宝石、玉石和有机宝石），以及人工宝石（合成、人造、拼合和再造宝石）（图4-22~图4-26）。

（1）贵重宝石：钻石、红宝石、蓝宝石、金绿宝石、祖母绿等。

（2）普通宝石：碧玺、尖晶石、锆石、托帕石、橄榄石、石英、石榴石、长石等。

（3）常见玉石：翡翠、软玉、玛瑙、岫玉、绿松石、青金石、孔雀石、独山玉等。

（4）有机宝石：珍珠、珊瑚、琥珀、欧泊、煤精、象牙、龟甲等。

1. 宝石

传统观念上，宝石仅指天然珠宝玉石，即指自然界产出的，具有色彩瑰丽、晶莹剔透、坚硬耐久，稀少且可琢磨、雕刻成首饰和工艺品的矿物、岩石和有机材料。人工宝石主要用于时尚首饰、工艺品、装饰品及其他如钟表、服装、皮具和灯具等。

图4-23　宝石首饰作品（二）

图4-22　宝石首饰作品（一）

图4-24　宝石首饰作品（三）

图4-25　宝石首饰作品（四）

图4-26　有机宝石首饰作品

维克多利亚·德·卡斯特兰（Victoire de Castellane）设计的作品（图4-27），于2019年7月在巴黎高级定制时装周上展出。这件作品由众多彩色宝石所组成，包括粉色尖晶石、红宝石、祖母绿、粉色蓝宝石、帕拉伊巴碧玺、蓝宝石、紫色石榴石、沙弗莱石、黄色蓝宝石和锰铝榴石。

梵克·雅宝（Van Cleef & Arpels）的"罗密欧与朱丽叶"高端珠宝系列（图4-28），白金和黄金制成的戒指镶嵌了3颗约13克拉的哥伦比亚祖母绿及一系列钻石。祖母绿象征爱情的乐观主义和理想主义，而这在莎士比亚的戏剧中却被残酷地粉碎了。钻石的相交线暗示着这对恋人命运的分岔之路。

穆拉达拉（Muladhara）设计的吊坠（图4-29）采用18K玫瑰金与红色石榴石，乳白色石英和白色钻石制作而成，使佩戴者展现稳定和自信的性格特征。

宝诗龙旺多姆26号系列项链（图4-30）、融合奢华建筑细节，以黄金为底，镶嵌3224克拉宝石，包括璀璨梨形帝王托帕石与钻石，展现古典与现代交融的非凡魅力。

玛戈特·麦金尼（Margot McKinney）设计了一款橄榄石戒指（图4-31）。玛戈特·麦金尼是一个完美主义者，在混合颜色和纹理方面有着准确的感觉，对石头有着强烈的直觉。这枚18K金戒指的中心是一颗重达25.19克拉的橄榄石，群镶有5.02克拉黄色钻石和3.87克拉白色钻石。另一款18K白金戒指套装（图4-32）由38.95克拉的海蓝宝石、蓝宝石、帕拉伊巴碧玺和蓝色托帕石组成。此外，还有一款项链（图4-33）为可拆卸的澳大利亚的南海珍珠吊坠，镶有153.33克拉的紫水晶，25.1mm的澳大利亚南海珍珠、钻石、橄榄石、绿绿石、坦桑石、海蓝宝石、锂辉石、绿色碧玺、粉红色碧玺和红色碧玺，主体是18K黄金。

图4-27　维克多利亚·德·卡斯特兰设计的作品　　图4-28　梵克·雅宝的"罗密欧与朱丽叶"高端珠宝系列　　图4-29　穆拉达拉首饰作品

图4-30　宝诗龙旺多姆26号高级珠宝系列　　图4-31　玛戈特·麦金尼橄榄石戒指　　图4-32　18K白金戒指套装

玫瑰胭脂项链（图4-34）上镶嵌的缅甸无烧鸽血红宝石616.73克拉，还有大量的红宝石、蓝宝石和钻石被镶嵌在白金和玫瑰金上。

骑士高级珠宝系列灵感来源于中世纪的女英雄，她们通过自己的力量和意志改变了历史的进程，这50件独特的珠宝作品向中世纪女性致敬。作为设计总监弗朗西斯卡·安菲西亚特罗夫（Francesca Amfitheatrof）的第一个高级珠宝系列，项链（图4-35）形状像战斗中骑士戴的锁子甲护喉器。在高度灵活的细网上，镶嵌着一颗重约19.31克拉的皇家蓝宝石，而相对较小的钻石和蓝宝石共计1600颗。

设计师施滕茨霍恩（Stenzhorn）的"美女（Belle）"系列作品（图4-36），通过6件不同设计作品向风铃花致敬。通过小而强壮的花蕾的精致之美，提醒人们大自然的脆弱和人类保护它们的责任。这款白金戒指选用的材料主要是粉红色蓝宝石和白色钻石。

亚力山卓·米开理（Alessandro Michele）担任古驰设计总监之初，于2019年7月在巴黎高级定制时装周上惊艳发布了其首个高级珠宝系列。该系列中，一款由"卢比莱"红色碧玺与粉色蓝宝石镶嵌的白金首饰尤为引人注目（图4-37），其色彩搭配既大胆又和谐，展现了米开理对珠宝艺术的独特见解。

同时，该系列还包含了一枚设计精巧的黄金戒指。这枚戒指巧妙地将雕刻的蛋白石与璀璨钻石相结合，通过细腻的工艺展现了材质的质感与光泽，进一步体现了亚力山卓·米开理在设计上的匠心独运与对细节的极致追求。两个作品共同构成了亚力山卓·米开理在古驰设计总监任期内高级珠宝系列的开篇之作，彰显了品牌的新风貌与无限创意。

图4-33　澳大利亚的南海珍珠吊坠

图4-34　玫瑰胭脂项链

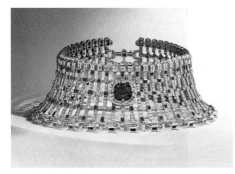
图4-35　弗朗西斯卡·安菲西亚特罗夫的第一个高级珠宝系列

图4-36　设计师施滕茨霍恩的美女系列作品

图4-37　亚力山卓·米开理设计作品

2. 玉石

天然玉石是指由自然界产出，具有美观、耐久、稀少性和工艺价值的矿物集合体，少数为非晶质体，包括翡翠、软玉、孔雀石、欧泊等。

布契拉提（Buccellati）推出的夏威夷色彩黄金绿翡翠耳环（图4-38），长尾凤凰（图4-39）将自己包围在心形翡翠周围，凤凰的身体和尾巴用黄色、橙色和粉红色的蓝宝石突出表现，显示了它与太阳的联系。

卡地亚（Cartier）的美人饰品（Fabuleux）镀铑金孔雀胸针，主体镶有明亮式切割的钻石、天然红宝石晶体雕刻的花及软玉雕刻的叶子，孔雀眼睛则是由蓝宝石镶嵌（图4-40）。

圣彼得堡的首席工匠亨里克·威格斯特罗姆（Henrik Wigstrom）于1904年收藏由法贝热（Fabergé）设计的皇家礼盒（图4-41），其主体由软玉、彩金、钻石及象牙制作而成。

瑞士珠宝商萧邦（Chopard）延续了20世纪70年代的风格，推出了第一款镶嵌了标志性的"快乐钻石（Happy Diamonds）"系列中，具有独特条纹的孔雀石珠宝首饰（图4-42）。这款珠宝可以让钻石在两片18K玫瑰金和孔雀石之间自由旋转。

伯爵（Piaget）打造黄金绿洲植物花边腕表（图4-43），表盘上镶有孔雀石所制成的叶子。

屡获殊荣的英国珠宝设计师托马斯·多诺西克（Tomasz Donocik）在"恒星沙丘"系列珠宝（图4-44）中运用了纯色、透明度和负空间。该系列与20世纪70年代艺术家弗兰克·斯特拉（Frank Stella）的作品遥相呼应，18K玫瑰金镶嵌粉色蛋白石、白色玛瑙、莫桑比克红宝石、赤铁矿和白色钻石。

图4-38 布契拉提推出的夏威夷色彩（Hawaii Color）黄金绿翡翠耳环

图4-39 长尾凤凰首饰作品

图4-40 卡地亚的美人饰品镀铑金孔雀胸针

图4-41 圣彼得堡首席工匠亨里克·威格斯特罗姆作品

图4-42 快乐钻石系列

图4-43 伯爵黄金绿洲植物花边腕表

图4-44　英国珠宝设计师托马斯·多　图4-45　亚力山卓·米开理任　图4-46　戴维·莫里斯作品
诺西克在"恒星沙丘"系列珠宝　古驰设计总监作品

　　图4-45为亚力山卓（Alessandro Michele）任古驰（Gucci）设计总监的戒指作品，蛋白石雕刻的蜷曲的蛇为戒面。

　　戴维·莫里斯（David Morris）在2019年7月的巴黎高级定制时装周上展示了镶嵌了30克拉黑欧泊和17克拉钻石的钻石耳饰（图4-46）。

3. 有机宝石

　　天然有机宝石是指由自然界生物生成，部分或全部由有机物质组成，可用于首饰及装饰品的材料，包括珍珠、象牙、珊瑚等。

　　尼哈·达尼（Neha Dani）设计的用钛金和珍珠制成的耳环（图4-47），灵感来自大自然，佩戴起来非常轻便。其设计的珍珠戒指周围镶嵌了各类彩色宝石，光彩夺目（图4-48）。

　　佛杜拉与达利1941年合作推出的昆虫烟盒，精选欧泊、象牙与黄金材质，巧妙融合达利独特的蜘蛛绘画元素与佛杜拉标志性的欧泊昆虫设计，展现出跨界合作的非凡创意与精湛工艺，成为珠宝艺术领域的杰出之作（图4-49）。

　　陈·安娜贝拉（Anabela Chan）证明了实验室培育的作品也可以很有创意。例如，这枚金红色的花朵珊瑚戒指（图4-50），上面镶有粉红色的竹珊瑚，以及273颗实验室培育的香槟色和白色钻石。

图4-47　珍珠首饰作品　　　　　　图4-48　尼哈·达尼设计作品

图4-49　佛杜拉设计作品　　　　　图4-50　培育钻石首饰

第三节　多元化设计材料应用及其首饰作品

一、纸材料应用及其首饰作品

纸是以纤维素纤维为主要原料制成的材料，是中国古代的伟大发明之一，也是一种古老而传统的包装材料。纸的发明和推广使得人类不再依赖泥、石、木、陶和金属等材料来记录文字和图画，它扮演了重要的媒介角色，并传播和保存了大量的古代信息。

纸雕艺术家克尔斯滕·哈森菲尔德（Kirsten Hassenfeld）通过她的作品深刻探讨了珠宝的价值本质。她用纸这种平凡材料，精心创作出放大版的华丽珠宝设计（图4-51），以此挑战传统观念：即珍奇珠宝常被视为炫耀财富的象征。哈森菲尔德的作品传递了一个重要信息——珍贵与美丽并不取决于材质或财富的多寡，而是源自创意、工艺以及作品所承载的情感与理念。她以纸为媒介，重新定义了珠宝的价值，展现了艺术与生活的另一种可能。

芬兰珠宝设计师英尼·佩尔尼亚（Inni Pärnänen）于拉赫提设计学院和赫尔辛基艺术与设计大学学习金工专业和战略与工业设计。她使用金、银、牛角、羊皮纸、煅烧纸、染色纸、蜡等，以精准的几何线条、曲面、结构构架起质地通透、纯净且具有复杂多变的内部细节的植物形态首饰（图4-52）。

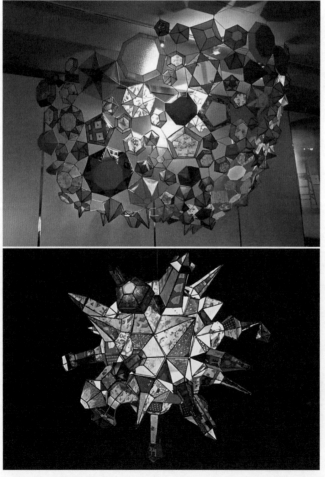

图4-51　纸雕艺术家作品

图4-52　芬兰珠宝设计师英尼·佩尔尼亚（Inni Pärnänen）作品

二、木材料应用及其首饰作品

　　木材是一种原始的材料。在当代首饰作品中，木材色调偏暖，给人一种庄重和安静的感觉。经过抛光处理后，具有细腻的光泽，触感舒适，使佩戴者与自然亲近。

　　宝诗龙在2022年推出了高级珠宝胸针（图4-53）。设计师巧妙地引入天然的桑托斯玫瑰木，塑造出层叠绽放的花瓣造型，呈现生机而含蓄的魅力。桑托斯玫瑰木是一种纹理优雅、质地稳定坚硬的天然木材，设计师用桑托斯玫瑰木雕刻出自然绽放的花瓣，并且巧妙地让木纹和花瓣纹融合一致，从而获得栩栩如生的逼真效果。花蕊宝石镶嵌部分的基底采用钛金属制作，镶嵌组合于玫瑰木花瓣之间，中央圆球形的花蕊上密镶圆钻，还有特别用钛金属丝制作的轻盈花丝，花丝顶端的花药还镶嵌有3颗钻石，细节精致动人。

　　佛杜拉与达利合作几年后，重新演绎了圣·塞巴斯蒂安被钉在木桩上的痛苦形象。这件艺术品（图4-54）中，选用的材料中有硅化木、黄金、紫水晶和绿松石。他利用扭曲的金绳将圣·塞巴斯蒂安被刺穿的身体包裹在厚厚的木桩上。

百达翡丽（Patek Philippe）的风帆通过精细镶嵌和手工雕刻（图4-55）呈现。这款玫瑰金怀表采用手工雕刻的表壳，通过木镶嵌工艺描绘了日内瓦湖上的传统游艇。

图4-53 宝诗龙在2022年推出的高级　图4-54 佛杜拉作品　图4-55 百达翡丽作品
珠宝胸针

三、布料织物材料应用及其首饰作品

纤维材料是通过纺织加工制成的结构化材料，也称纺织材料。常见的纤维材料包括棉型织物、麻型织物、丝型织物、纯化纤织物等。

土耳其首饰设计师德里亚·阿克索伊（Derya Aksoy）的作品（图4-56）中，德里亚·阿克索伊把飞蛾和蝴蝶翅膀上的图案转移到织物上，创造了这些梦幻般的作品，让蝴蝶能随风飞扬在佩戴者的耳畔、锁骨间。

设计师手中的每一种材料都可以制作出美丽的首饰，即使它们很廉价。来自日本设计师伊泽洋子（Yoko Izawa）的首饰作品（图4-57、图4-58），表达了含蓄、朦胧、神秘的美感。设计师生活和工作在伦敦，喜欢用织物和玻璃来制作首饰，其作品有一种独特的自然而清新的美感。

图4-56 土耳其首饰设计师德里亚·阿克索伊的作品

图4-57 日本设计师伊泽洋子的首饰作品（一）

图4-58 日本设计师伊泽洋子的首饰作品（二）

四、高分子材料应用及其首饰作品

高分子材料，也称为聚合物材料，是以高分子化合物为主要成分构成的一类材料。这些高分子化合物由大量的重复单元通过共价键连接而成，具有较高的分子量，并能形成复杂的结构。高分子材料按来源可分为天然高分子材料和合成高分子材料，后者如塑料、合成橡胶和合成纤维等，在现代工业和科学研究中有着广泛的应用（图4-59～图4-61）。

橡胶（Rubber）分为天然橡胶和合成橡胶两种。天然橡胶是由橡胶树和橡胶草中提取胶乳后加工而成。它是一种新型的环保材料，由天然高分子化合物组成，无毒、无害且可完全再生，弹性好、恢复性强，具有环保、防水和防火等特点，物理力学性能和化学稳定性出色，广泛应用于各个领域。

图4-59　高分子材料首饰
作品（一）

图4-60　高分子材料首饰作品（二）

图4-61　高分子材料首饰
作品（三）

五、陶瓷材料应用及其首饰作品

陶瓷是一种流露着高贵与典雅气息的材料，纯净细致。不同于传统首饰，陶瓷材料首饰作品（图4-62）蕴含着独特的内涵。陶瓷的形态美则通过艺术上的夸张、变形和对自然形态的升华，以及对社会生活形态的感悟来展现。

如同人们在沙砾中掏拣海玻璃一样，以色列设计师诺加·伯曼（Noga Berman）常年搜集建筑垃圾中的陶瓷碎片，将它们镶嵌在银戒圈上，变成个性的戒指作品（图4-36）。除了没有不菲的价格，这些戒指兼具装饰性和稀缺性，更有废物利用的概念，其意义不亚于真金白银的奢侈品。

图4-62　陶瓷材料首饰作品

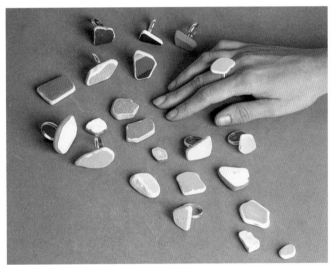

图4-63　以色列设计师
诺加·伯曼作品

六、玻璃材料应用及其首饰作品

玻璃，透明澄澈的非金属材料，以其多变的色彩、纹理及可塑性，成为当代首饰创作中不可或缺的元素，赋予作品清凉梦幻之感与独特艺术魅力（图4-64）。

美国艺术家雪莉·贝拉米（Sherry Bellamy），是当代灯工玻璃首饰艺术的代表人物之一。她的作品（图4-65）充满了变幻莫测的色彩和纹理，美丽而又奇幻。抽象独特的风格瞬间就能够牢牢抓住观赏者的眼球，那些抽象的线条、浓烈的色彩和让人琢磨不透的材质组合在一起，展现出翻涌着的澎湃生命力。

首饰艺术家尼瑞特·德克尔（Nirit Dekel）利用意大利的莫瑞蒂（Moretti）玻璃，采用传统的灯工技法制作玻璃首饰（图4-66）。受到日常生活中色彩和景观的影响，她所制作的首饰

图4-64　玻璃材料首饰作品

图4-65　美国艺术家雪莉·贝拉米艺术作品

图4-66　首饰艺术家尼瑞特·德克尔作品

图4-67　荷兰艺术家鲁特·彼得斯作品

色彩鲜艳。

　　荷兰艺术家鲁特·彼得斯（Ruudt Peters）是一位开创性的概念珠宝艺术家。他挑战了装饰的传统定义，突破了背景、耐磨性、材料和表现形式的边界（图4-67）。他有体验陌生文化的习惯。他的好奇心驱使他去了解每个地方的风俗习惯，并想出一种方法来表达它。他的冒险精神让其创作的每个系列，都会改变制作珠宝的理念、媒介和技术。

七、皮毛材料应用及其首饰作品

　　皮革材料在现代首饰设计中广泛应用。其独特的纹理和丰富的颜色给作品带来不同的质感和视觉效果。不同动物的皮革纹理能传达不同的内涵和美感，而丰富多彩的颜色组合也为首饰增添了色彩碰撞。设计师可以运用皮革材料的特性，打造出独一无二的首饰作品，展现皮革在首饰设计中的独特魅力。

芬迪（Fendi）打造的"我的方式"（My Way）系列腕表（图4-68），展示了手表能同时兼顾时尚和功能的特点。该系列配有可拆卸的北极狐皮领，这款由芬迪皮草工作室的大师级工匠精心打造的腕表，因华丽的皮毛而增添了迷人的晚装气息。

羽毛自身的绚丽、华贵和野性美，是任何材料都无法取代的。大多数设计师都基于设计和创意，尝试寻找合适的羽毛，让羽毛成为设计的一部分，同时放大羽毛的美丽，从而让羽毛与作品相得益彰、互为一体。例如，中国传统金属和羽毛工艺——点翠（图4-69）。

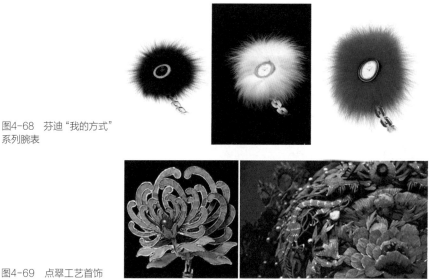

图4-68　芬迪"我的方式"系列腕表

图4-69　点翠工艺首饰

第四节　当代首饰设计展巡览

当代珠宝展多元化的展览形式

在当代首饰设计中，材料的选择不仅是技术层面的考量，更是艺术表达与创意实现的关键。不同的材料具有独特的质感、色彩、光泽以及可塑性，这些特性直接影响了首饰的最终形态和所传达的意涵。

情感与象征的载体：材料往往承载着特定的情感与象征意义。例如，贵金属如黄金、白银常被视为尊贵与永恒的象征，而宝石则因其稀有与璀璨成为爱情与权力的代表。艺术家通过精心挑选材料，将个人情感与社会文化寓意融入设计之中，使首饰成为超越物质本身的情感与思想的传递者。

设计语言的丰富性：不同的材料具有不同的物理特性和表现力，这为艺术家提供了丰富的设计语言。从柔软的织物到坚硬的金属，从透明的玻璃到不透明的宝石，每种材料都有其独特的形态变化能力和视觉效果。艺术家通过巧妙地运用这些材料，创造出形态各异、风格独特的首饰作品，丰富了设计的多样性和表现力。技术与艺术的融合：当代首饰设计强调技术与艺术的紧密结合。艺术家在选择材料时，不仅要考虑其艺术效果，还要关注其加工难度和成本效益。通过不断探索新的加工技术和材料运用方式，艺术家能够突破传统束缚，实现设计的创新与突破。这种技术与艺术的融合不仅提升了首饰的艺术价值，也推动了整个行业的发展。

1. 展览——"失之美"（上海四大空间艺术中心）

2008年，上海四大空间举办了一场当代首饰展览——"失之美"。展览巧妙地将失去、缺失与美学融为一体，通过艺术家们精心雕琢的首饰作品，深刻揭示了在遗憾与失去中蕴藏的生命之美，让观众在欣赏中感悟到生命的深度与广度，以及面对不完美时的独特韵味（图4-70、图4-71）。

图4-70　部分展品（一）

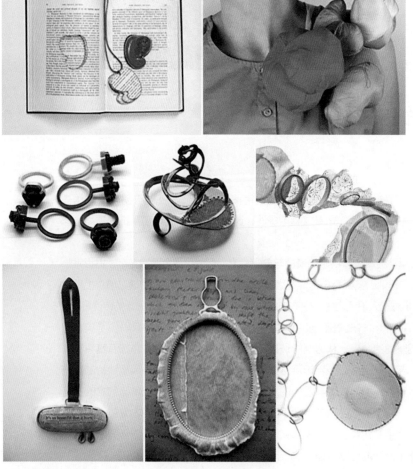

图4-71　部分展品（二）

2. 展览——"昨日已不同"（Yesterday Is a Different Day）（德国慕尼黑）

"昨日已不同"是由德国艺术家岳丽莎（Lisa June）举办的一场当代首饰展览。该展览旨在通过一系列独特而富有深意的首饰作品，探索时间、记忆与个体经验的主题（图4-72）。岳丽莎以其对材料的敏锐感知和创新的设计理念，在首饰艺术领域独树一帜，而此次展览更是她艺术探索的一次集中展现。

图4-72 "昨日已不同"展览部分展品

3. 展览——"詹姆斯日"（The JAMES Days）（德国、英国）

"詹姆斯日"当代首饰展览是一场汇聚全球顶尖首饰艺术家创意与技艺的盛会（图4-73）。展览旨在探索首饰艺术的无限可能，通过多样化的作品展示，引领观众进入一个充满灵感与创新的艺术世界。展览不仅呈现了首饰作为身体装饰的传统功能，更深入挖掘了其作为艺术表达媒介的深刻内涵。

4. 展览——"现实与梦幻"（Reality & Fantasy）

"现实与梦幻"当代首饰展览是一场旨在探索现实与幻想边界的艺术盛宴。展览旨在为观众呈现一个既真实又超脱的艺术世界，让每一位踏入展厅的访客都能在细腻与奇想之间自由穿梭（图4-74）。

5. 展览——"黄金王国"（Golden Kingdoms）（美国大都会博物馆）

2018年2月，美国大都会博物馆举办了"黄金王国"的文物展览。传说黄金王国是古南美洲的一个遍地是黄金的国度。此次展览还原了古代美洲黄金王国的奢华与辉煌（图4-75、图4-76）。

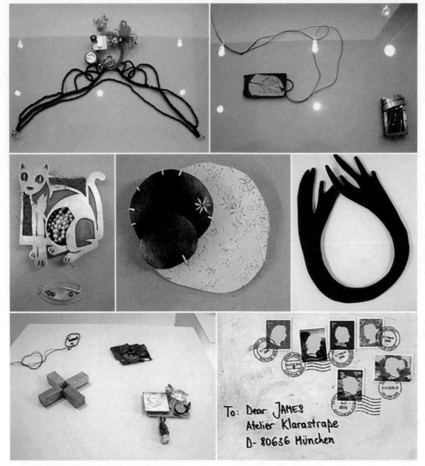

图4-73 "詹姆斯日"展览部分展品

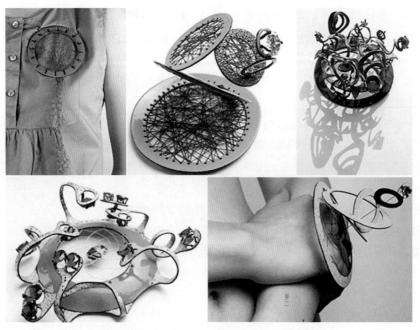

图4-74 "现实与梦幻"展览部分展品

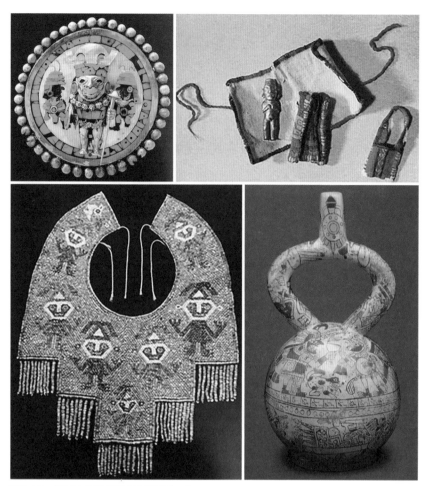

图4-75 "黄金王国"展览部分展品（一）

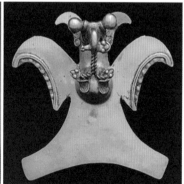

图4-76 "黄金王国"展览部分展品（二）

本章总结

　　本章旨在深入探讨首饰材料的创新和美学的演变。通过金属、宝石及多元化设计材料的学习，学生可了解当代首饰设计的多样性和创新设计。重点在于理解材料选择对设计的影响及参与当代首饰设计展览的重要性。

课后作业

（1）选择一种首饰材料（金属、宝石或其他新兴材料），撰写一份报告，介绍其特性、历史应用及当代首饰设计中的创新案例。

（2）根据所选材料，设计一件符合当代审美的首饰作品。强调材料选择对设计风格和表达方式的影响。

（3）参观一场当代首饰设计展览，撰写一份评论，分析其中不同材料的运用和设计理念的体现。

思考拓展

（1）鼓励学生研究和尝试使用可持续性材料，思考如何在设计中表达对环境和社会的关切。

（2）引导学生关注数字化设计工具、3D打印等新技术，思考如何整合这些技术提升首饰设计的创新性。

（3）鼓励学生将不同文化元素融入设计中，通过材料的选择和设计手法传达独特的文化观念。

课程资源链接

课件

第一节　造型工艺

一、制版工艺

制版工艺指将设计师头脑中的创意、构思或手绘草图，通过专业的技术手段和工具，转化为精确、详细的图样或三维模型，以便后续进行制作、铸造或加工的过程。这个过程需要考虑材料的特性、工艺的可行性，以及设计的审美要求等多方面因素。

1. 三种工艺

（1）手雕蜡版工艺。手雕蜡版工艺是指参照首饰设计图，使用特定的蜡材（如首饰铸造蜡），通过手工雕刻的方式，按照设计要求的尺寸和形态，雕出各种形态的首饰蜡版。这些蜡版可以是戒指、吊坠、耳环、手镯等常见首饰，也可以是更复杂的花卉、动物等造型（表5-1）。

表5-1　　　　　　　　　　　　　　手雕蜡版工艺流程及使用工具

序号	阶段	流程	工具
1	设计与规划	设计师手绘或建模蜡模的设计	素描工具、设计刀具
2	材料准备	选择适用于手雕的蜡料，准备工作台	手雕蜡料、雕刻工具、工作台
3	手雕雕刻	利用手工雕刻工具，按照设计雕刻出蜡模的形状和细节	雕刻刀、雕刻刨子、模型锉
4	检验与修正	检查蜡模的质量和精度，进行必要的修正	测量工具、修正工具
5	准备银模	制作用于浇铸的银版，通常手工制作	银块、锯、锉、打磨工具
6	银模检验	检查银模的精度，确保其符合设计要求	测量工具、显微镜
7	浇铸	使用银版进行浇铸，制作最终的银首饰	熔炉、浇铸设备
8	手工修饰	进行最终的手工修饰，打磨、抛光和饰面	手工打磨工具、抛光机

（2）电脑雕蜡工艺。作为现代首饰制作领域的一项重要技术，电脑雕蜡工艺是指利用电脑软件来绘制三维图形，并通过特定的喷蜡设备将这些图形转化为实体蜡版的过程。这一工艺结合了计算机技术的精确性与高效性，为首饰设计带来了全新的制作方式（表5-2）。

表5-2　　　　　　　　　　　　　　电脑雕蜡工艺流程及使用工具

序号	阶段	流程	工具
1	CAD设计	使用CAD软件进行首饰设计	CAD软件（如Rhino、Matrix）
2	数控雕刻	利用数控雕刻机将CAD设计转化为蜡模	数控雕刻机、蜡料
3	检验与修正	检查蜡模的质量和精度，进行必要的修正	测量工具、修正工具
4	准备银模	制作用于浇铸的银版，通常手工制作	银块、锯、锉、打磨工具
5	银模检验	检查银模的精度，确保其符合设计要求	测量工具、显微镜
6	浇铸	使用银版进行浇铸，制作最终的银首饰	熔炉、浇铸设备
7	机械修饰	利用机械工具进行最终的修饰，如抛光和表面处理	机械抛光设备、表面处理工具

（3）手造银版工艺。手造银版工艺是指在首饰制作过程中，通过手工制作的方式，将设计图样转化为银质模版（即银版）的工艺技术。这一工艺不仅要求匠人具备高超的手工技艺，还需

要对设计图样有深入的理解和精准的把握，以确保银版能够忠实地还原设计意图，为后续的生产加工提供高质量的模版（表5-3）。

表5-3   **手造银版工艺流程及使用工具**

序号	阶段	流程	工具
1	设计与规划	设计师手绘或建模银首饰的设计	素描工具、设计刀具
2	材料准备	选择适用于手工制作的银材料，准备工作台	银材料、锯、锉、打磨工具
3	手工制作	手工制作银首饰，包括锯、锉、打磨、焊接等工艺	手工工具集、焊接设备
4	检验与修正	检查首饰的质量和精度，进行必要的修正	测量工具、修正工具
5	银首饰抛光	利用抛光工具对首饰进行表面抛光	抛光机、抛光工具

2. 各式工艺流程说明

首饰制作的工艺流程是一个复杂而精细的过程，它涵盖了从设计构思到成品完成的多个关键步骤。以下是对首饰制作工艺流程的详细定义和描述（表5-4）。

表5-4   **不同工艺的具体方式及工艺配图**

名称	工艺说明	配图
蜡重	通常情况下，蜡重与金属重存在一定的比例关系，通过控制雕蜡成品后的重量，可控制银模及工件的重量	
捞底	减轻工件重量。用球针、轮针车去除多余的蜡料。用牙针、钻针、手术刀等，对蜡样底部边框进行修整	
执版	执版工艺是首饰制作中的一个关键步骤，指根据设计图稿或原型，通过手工或机械方式精确制作出首饰的样板或模具的过程，为后续的生产加工提供基础	

名称	工艺说明	配图
校石位	由镶石部校石位。如发现石位与石头不吻合的情况，由版部对其进行调整，直到石位符合要求	
焊水线	在倒模过程中，需预留金属熔液流动的通道。观察该工件外形，确定水线焊接位置，选择适当的水线，并将该水线加以调整。然后用焊枪将工件与水线牢牢地焊接在一起	

3. 三种制版工艺的优缺点比较

首饰制作中，有三种常见的制版工艺——手工雕蜡、电脑雕蜡以及传统手造银版，各有其独特的优缺点（表5-5）。手工雕蜡以其高度的灵活性和艺术性著称，能够精准捕捉设计师的创意灵感，赋予首饰以独特的手工艺韵味和温度感。然而，这一工艺对技师的技艺要求极高，且制作周期较长，成本也相对较高。相比之下，电脑雕蜡工艺则凭借其高精度、高效率的优势，能够快速、准确地实现复杂设计，缩短制作周期，降低成本。但电脑雕蜡常缺乏手工雕蜡的细腻感和温度，且对设计软件的掌握也需要一定的技术门槛。传统手造银版工艺，则以其悠久的历史传承和精湛的技艺闻名，能够制作出极具质感和厚重感的首饰。这一工艺同样对技师的技艺要求极高，制作周期长，成本也较高，且难以实现一些复杂的设计细节。三种制版工艺各有千秋，选择哪种工艺需根据具体的设计需求、成本预算以及制作周期等因素综合考虑。

表5-5　　　　　　　　　　　　不同制版工艺的优缺点对比

种类	手造银版	手工雕蜡版	电脑雕蜡版
优点	制作镶口方便、质量好。如马眼镶口和一些不同类型的爪镶等	1. 制版速度快 2. 雕蜡过程修改容易 3. 工具损耗相对小	制作镶口较多的蜡版精确度较高
缺点	1. 制版速度慢 2. 修改困难 3. 焊口位处理麻烦 4. 工具与银耗量大	制作爪钉类镶口困难	受目前软件的局限，不能制作有丝带、花草、动物的蜡版

二、錾刻工艺

錾刻工艺，作为我国历史悠久的传统技艺之一，拥有数千年的辉煌发展历程。这项工艺精湛绝伦，主要聚焦在金属器物表面，运用特制的錾子进行精细雕琢，以创造出层次丰富、栩栩如生的浮雕图案（表5-6）。通过錾刻师傅们巧夺天工的手艺，金属器物被赋予了生命般的活力与美感，展现出无与伦比的艺术魅力与文化底蕴。

表5-6 　　　　　　　　　　　　　　　　**錾刻工艺说明及配图**

技法	说明	配图
勾	用各种弯钩錾、直口錾、戗錾等錾子在金属表面勾勒出图案	
抬	在金属工艺的精细雕琢中，匠人们运用各式不同型号的踩錾，在金属材料的背面进行巧妙的"抬活"操作。这一技艺通过精准的敲击与推压，使得金属正面逐渐呈现出凸起的轮廓与细腻的纹理，从而达成令人赞叹的浮雕或半浮雕艺术效果	
落	在金属"抬活"工艺中，匠人们巧妙运用錾子，对抬出过程中产生的多余部分进行精细的修整。他们通过精准的踩踏动作，将多余的金属材料按压下去，使原本凸起的图案更加鲜明突出，形成更加鲜明、立体的浮雕或半浮雕效果	
踩	这一步骤旨在通过不同形状和大小的錾子，以不同的角度和力度对金属表面进行细腻的敲打与修整，从而消除表面凹凸不平的痕迹，使图案边缘更加清晰，整体质感更加平滑细腻	
丝	用不同型号的组丝錾子处理纹样上的线条，多用于人物或动物的毛发	

　　錾刻工艺是传统首饰制作中使用频率最高的工艺，需要工匠心到、眼到、手到，稍有不慎，就会功亏一篑。

三、织纹雕金

此工艺由意大利金匠布契拉提发明。对金属进行雕刻处理，在金属表面呈现出织物的效果。

1. 蕾丝工艺（Tulle）

蕾丝工艺又称"蜂巢工艺"，是布契拉提的标志性工艺。该工艺灵感来自文艺复兴时期的蕾丝面料，通常需要工匠们花费数月才能制作完成，流程（图5-1）精细复杂。工匠需要在一片完整的金片上凿出圆孔，然后精细地刻出一个个蜂巢状的结构，最后对每一个镂空面进行抛光打磨，并嵌入钻石。蜂巢工艺赋予金属轻盈感、空气感，让坚硬的金属呈现出仿佛蕾丝面料般的柔软质感。

2. 丝绒工艺（Segrinato）

丝绒工艺（图5-2）需要匠人用雕刀在金属表面上手工铲出细密的纹理，以产生丝绒般柔滑的光泽质感。

3. 金属微雕工艺

金属微雕工艺（图5-3）是一种极其复杂、精细的工艺，通常以大自然中的动物、植物为灵感，需要在金属表面进行精细雕刻。

图5-1 布契拉提蜂巢工艺
流程图

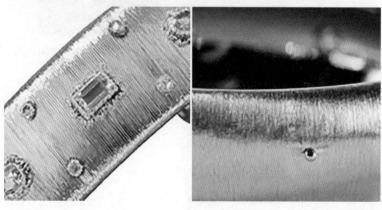

图5-2 丝绒工艺

图5-3 金属微雕工艺

第二节 细金工艺

细金工艺，又称花丝镶嵌工艺，是一门历史悠久且技艺精湛的中国传统手工技艺。它以金、银等贵金属为主要原料，通过一系列复杂而精细的工艺流程，创作出各种首饰、器具、摆件等器形。

1. 花丝工艺

花丝工艺是我国古代金工传统工艺中的瑰宝，以其精巧细腻著称。这一工艺的核心在于将金、银等贵金属拉成细丝，然后通过堆、垒、编、织、掐、填、攒、焊等多种技法，将这些细丝编织成各种复杂的图案和形状，最终制成精美绝伦的艺术品（表5-7）。

表5-7 花丝工艺说明及配图

名称	说明	配图
掐	掐丝前要把拉成的单根素丝按图纸工艺要求搓成所需要的花丝。搓丝分为正向和反向，向正向搓为正向花丝，向反向搓为反向花丝，正向花丝和反向花丝由工艺需要而定。掐丝时镊子必须直立，摆出图形，横要平、竖要直。顿挫要利落，行内人称"刻儿"，线条要流畅，尤其是掐"刻儿"时，要注意角度。镊子找准位置后，要用力适度，一步到位，避免来回找出现"肉梭"。掐花瓣时弧度要圆畅、线条过渡要平顺自然，不要出现凹凸不平的现象	
填	填丝是将制好的花丝填入轮廓内。填丝前按图纸要求将一定形态的丝掐成所需的图案轮廓，外轮廓掐好后，将制好的花丝纹路用镊子往里填，这一过程叫填丝。填丝时注意排码丝要均匀齐整、平滑顺畅，而且填好的丝面要平，不能高低不一，档要疏密一致。填丝种类很多，常用的有填巩丝、填卷头、填花瓣、填各种锦地等	
攒	攒活就是组装，主要指花丝攒活。花丝攒活分为平攒、叠加攒和部件攒。平攒是将平面的花丝纹样连接在一起。攒活时，首先按图纸和设计的要求将一件作品所需的各个部件准备好，归拢在一起。攒活技艺师傅要先读懂图纸的整体结构，并深刻理解设计的要求，然后按照图纸结构和设计要求排好攒活的次序，先装什么、后装什么，最后准备进行焊接	

名称	说明	配图
焊	焊接是花丝镶嵌作品中技术难度较高的一门技艺，不同于一般机械工程的焊接，这种焊接为特种工艺焊接。焊药分黄焊药和红焊药，根据所焊主体不同选择使用不同的焊药。焊接胎体就要用黄焊药，焊接花丝就要用红焊药，红焊药的流动性比黄焊药好。焊接时，火候适当是关键，要手稳眼快，火候不够就会导致焊药开焊散活；火候过甚会使焊药流化，从而使花丝纹产生很多药疤。焊接时要焊满，不能有不实的现象，焊接处不能留有大片焊迹，焊痕也要平整光滑	
堆、垒	堆垒是一种精细而复杂的制作技术，分为平面垒丝与立体垒丝两种形式。平面垒丝通过叠加花丝纹样以增强立体感，而立体垒丝则在实胎或炭灰上逐层构建花丝纹样，通过焊接实现稳固的立体造型。这一过程要求极高的精度和平整度，以确保最终作品的精致与完美	
织、编	织编和人们通常所熟知的草编、竹编是一样的，只不过所用材料不同。织编所用的丝有圆素丝、圆花丝、扁丝等，先按图纸要求选择所需要的丝，挑选好丝后通常再用手工编织做或不同的花丝纹。常用的花丝纹有小辫丝、十字纹、螺丝、席纹、套泡纹、拉泡丝等，小辫丝一般常用有三股、四股、六股花丝编织而成。织编一般使用不压扁的圆花丝。织编常用来作为边缘纹样装饰，做摆件时用得多。另外，还用来编鱼篓、灯笼空儿、套泡等不同形体的底纹，底纹上再黏以用各种技艺方法制成的不同花形的纹样，通过焊接完成。现存最好的编织作品为万历皇帝的翼善冠	

2. 镶嵌工艺（表5-8）

表5-8 镶嵌工艺说明

序号	工艺名称	说明
1	锉	即用锉刀对产品"黑胎"（产品制成，没有镀，称为黑胎）按加工要求锉削，用粗锉成大形，再用细锉磨光，要求素面光滑，棱角见线，弧面圆润
2	戗	用钢制戗錾或戗刀按预定的图案花纹抢刻出各种沟槽或"开口"
3	搂	特指制胎和制备坯片的打制手法，用不同的金属锤，对金银条、块反复锤打，打制成平片或凸凹形金银片材。技艺高超的师傅可以将平面坯料捶打成碗型。"搂"特指捶打成型的工艺
4	砍	金属加工中，通过连续锤打与退火处理，使较厚坯料逐渐延展变薄至预定厚度
5	锼	指用特制锼弓将锼锯条绷紧，从片材或部件上打眼，穿过锯条，依据所需纹样，用锼锯镂空，或锼下所需零部件。这是考验技工技术和手劲，需要耐心细心的工艺
6	绷	有些部件要附在器物上，贴得"敷实"，称为"绷"。如编织好的泡丝等，绷紧蒙覆，再焊接固定。有些丝要绷紧，使之变细，有时泡坯子也要在凸凹的部件表面敷实，也要用到"绷"的工艺
7	挤	镶嵌小粒宝石或钻石时，按石头大小钻成圆锥形窝槽，将宝石、钻石放入，稳定好，锤击带圆凹的钢錾，将金银片材料表面利用金属延展性，向宝石、钻石方向挤出，把石头挤住紧固
8	镶	镶嵌的主要方法，依石形围制成四周有"爪"的"石碗"，或用平坯、线材压扁做成"底托"在适当位置"栽爪"，将宝石包抓牢固，或用薄坯围住宝石，嵌入宝石后再把薄坯包住宝石压实，达到镶固宝石的目的

序号	工艺名称	说明
9	实闷	主要用于"闷镶"戒指等,把宝石包边底托,与片坯焊接,圈成戒指的弧形,在左右加"堵",再加入坯片焊接,使之成为密实的金属箱,即所谓"闷镶"
10	翻卷折叠	用来制作花叶、衣饰飘带等,为表现自然的卷曲、飘逸状态,把金属坯片、泡丝或填焊的部件扳弯、卷曲、折叠的手法。要求造型自然流畅,符合器物或植物花卉生长肌理,不能出现"硬磕"

第三节　铸造工艺

失蜡铸造俗称"倒模",是目前首饰生产的主要手段。

铸造工艺(图5-4)流程:压制胶模—开胶模—注蜡(模)—修整蜡模(焊蜡模)—种蜡树(称重)—灌石膏筒—石膏抽真空—石膏自然凝固—烘焙石膏—熔金、浇铸—炸石膏—冲洗、酸洗、清洗(称重)—剪毛坯—滚光。

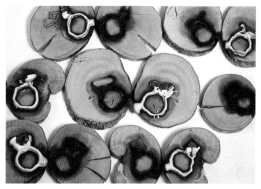

图5-4　铸造工艺

第四节　制色工艺

一、腐蚀工艺

金属暴露在环境中,与空气、水分或特定的化学物质接触时,会产生化学作用或电气化学作用,从而让金属改变颜色甚至慢慢减少消失,这种现象一般称为"金属腐蚀"。在珠宝设计创作中,通常会利用腐蚀工艺来呈现文字、图案、影像、质感等(图5-5),甚至可配合珐琅、镶嵌、乌铜走银等工业技法来表现腐蚀出来的凹槽。

图5-5　腐蚀工艺

二、珐琅工艺

珐琅又称"烧蓝",是在金属胎体填满色釉后,再放置炉温大约800°的高炉中烘烧,色釉由砂粒状固体熔化为液体,待冷却后成为固着在胎体上的绚丽的色釉(图5-6、表5-9)。

图5-6　珐琅工艺

表5-9 珐琅工艺说明

工艺类型	说明
筛涂珐琅	又称"撒粉",指在需要上色的部分均匀填入珐琅釉料
内填珐琅	内填珐琅在已经制成的金属胎上,在其凹处点施珐琅釉彩,经焙烧、磨光、镀金而成
透胎珐琅	指在镂空的胎体上填入珐琅釉料,经过反复烧制填料形成的,类似于玻璃一样透光的珐琅
掐丝珐琅	掐丝珐琅又称景泰蓝。这种技法首先要用薄而窄的铜丝在胎体上折出图案轮廓,丝越细图案越精致,技艺高超的大师可以拉出比1/4头发丝还细的金丝。 在铜丝全出的小空间中填入各色珐琅料,然后烧制,在800°高温下跳动的火光中,珐琅反复地融化和自然冷却,窑烧过程不断地重复,把每一格的色彩逐次加深。最后一次烧制结束,取出冷却凝固
画珐琅	画珐琅是把珐琅当作颜料在胎体上进行绘画,可以描绘出非常细致逼真的图案。然后入炉烧制,胎胚上有无掐丝及錾刻花纹皆可

本章总结

(1)本章重点介绍了当代首饰制作的核心工艺,包括造型工艺、细金工艺、铸造工艺和制色工艺。学生通过学习这些工艺,能够深入了解首饰的设计与制作过程,理解不同工艺对最终产品的影响。

(2)难点在于学生需要在实践中熟练掌握每个工艺阶段的技能,并在创作中灵活运用这些技能,使得设计得以充分体现。

课后作业

(1)选择一个主题,进行手工造型练习。需要先进行设计规划,然后使用蜡料或其他可塑性材料进行手工造型,强调形状、细节和整体结构。

(2)选择一个已制作好的首饰模型,学习并尝试上色工艺。使用颜料或涂料,尽可能还原设计中所设想的颜色效果。

(3)学习制作铸造模具的基本步骤,使用硅胶或其他适用的模具材料制作一个小型模具。可以选择一些简单的形状进行练习。

思考拓展

(1)研究数字化制作工艺,如3D打印、数控雕刻等技术。思考如何将这些新技术整合到传统工艺中,提高设计和制作效率。

(2)引导学生思考如何在首饰设计中融入文化元素,表达个性和独特性。探讨不同文化对设计的启发和影响。

(3)鼓励学生探讨新型材料在首饰制作中的应用,如可降解材料、复合材料等。思考这些材料对设计风格和可持续性的影响。

课程资源链接

课件

第六章

珠宝首饰艺术鉴赏

第一节 世界著名博物馆珠宝藏品巡览

一、美国纽约大都会艺术博物馆（Metropolitan Museum of Art）

文艺复兴时期是欧洲历史乃至世界历史中的思想文化革命节点，同时也是划时代的艺术革命时期。文艺复兴时期所提倡的人文主义为欧洲带来了思想解放，而珠宝首饰正是这次欧洲新文化运动艺术思想精华的完美载体。筹建于1870年的美国纽约大都会艺术博物馆（图6-1）坐落于纽约，自20世纪以来不断发展扩张，至今已成为全世界最大、最重要的博物馆之一。美国纽约大都会艺术博物馆馆藏的文艺复兴时期珍宝（图6-2~图6-5）丰富且有着很深的文化渊源。

从古埃及精雕细琢的花瓶，到罗马雄浑壮丽的雕像；从蒂芙尼（Tiffany）璀璨夺目的珠宝，到伦勃朗笔下深邃细腻的油画；再到时尚前沿的亚历山大·麦昆野性魅力展览，以及西方人眼中充满神秘色彩的中国传统水墨艺术展……纽约大都会博物馆，这座拥有近一个半世纪历史的艺术殿堂，珍藏了超过三百万件来自全球的世代瑰宝，犹如一部浩瀚无垠的艺术百科全书，娓娓道来跨越世纪的珠宝与艺术的辉煌篇章。

图6-1 美国纽约大都会艺术博物馆

图6-2 乔治·杰米森（George W. Jamison）浮雕胸针，1835年

图6-3 马库斯公司（Marcus & Company）黄金、珐琅、橄榄石、珍珠胸针，1900年

图6-4 弗洛伦斯·克勒（Florence Koehler）胸针、项链、发梳套装，1905年

图6-5 路易斯·康福特·蒂芙尼（Louis Comfort Tiffany）作品，欧泊、黄金、珐琅材质，1904年

二、普福尔茨海姆珠宝博物馆（Schmuckmuseum Pforzheim）

相较于法国卢浮宫与英国大英博物馆，坐落在德国西南部小城普福尔茨海姆（Pforzheim）的普福尔茨海姆珠宝博物馆（图6-6）显得尤为低调。然而，这座不显山露水的博物馆，却拥有全世界极为全面且年代跨度大的珠宝收藏品，其珍贵程度与独特魅力不容小觑。普福尔茨海姆珠宝博物馆收藏了超过5000年历史、凝聚人类智慧和工艺的极致珠宝，珍藏了西方珠宝的完整史话，是热爱珠宝的人们的终极朝圣地。

很多闻名世界的博物馆都陈列着不少珍罕的珠宝藏品，但如果从珠宝收藏的广度和跨越年代来考量，普福尔茨海姆珠宝博物馆却是唯一。这里收藏了从公元前3世纪至今的西方珠宝（图6-7~图6-9），馆藏展品之全之细极为难得。

图6-6　普福尔茨海姆珠宝博物馆

图6-7　安纳托利亚（Anatolia），前2400年—前2200年

图6-8　黄金、石榴石蛇形手镯，希腊罗马时期，前3世纪—前2世纪

图6-9　黄金、水晶、珐琅圣物箱吊坠，勃艮第，1400年

三、大英博物馆（The British Museum）

大英博物馆是一个珠宝的世界，在这里可以看到埃及法老的宝石宽链、苏美尔皇陵的宫廷首饰，阿姆河宝藏、拜占庭经典珠宝、中国的翡翠玉器、印加王国的黄金饰品等（图6-10~图6-14）。在大英博物馆，可以欣赏世界不同国家、不同朝代的奇珍珠宝。

图6-10　红宝石镶钻项链、耳环，卡地亚　　图6-11　复古黄金珐琅项链，1860年　　图6-12　凯瑟琳大帝订制的钻石项链

图6-13　黄金浮雕圣母手链　　　　　　图6-14　钻石发冠，1855年

四、伦敦维多利亚与艾伯特博物馆（Victoria & Albert Museum）

博物馆以维多利亚女王和艾伯特人公爵命名，简称为"V&A"。V&A创立于1852年，展示空间共分4层，专门收藏美术品和工艺品，包括珠宝（图6-15~图6-18）、家具等。它在伦敦诸多博物馆中占据重要地位，藏品美轮美奂。

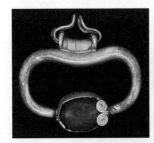

图6-15　吊坠（Pendant Maker），前600年—前500年　　图6-16　德国，镀银和黄金，白色、不透明蓝色、半透明红色、绿色和蓝色珐琅，挂有珍珠，1572年　　图6-17　法国（可能），珐琅彩金，镶嵌208颗台式切割钻石和三角形点式切割钻石　　图6-18　胸饰，制作者不详，荷兰（可能），金银镶嵌玫瑰式切割钻石和石榴石，约1680年—1700年

第二节　珠宝首饰的主要品牌及风格

一、卡地亚

2023年，卡地亚推出了"咖啡粒"系列作品（图6-19~图6-23）。作品以咖啡豆为灵感主题，设计师巧妙地以金质塑造出咖啡叶片作为装饰元素，并搭配黑曜石雕刻的深色"咖啡豆"，

风格经典而复古。以黄金打造的作品融合20世纪50年代法国蔚蓝海岸的优雅气息和格蕾丝·凯利（Grace Kelly）光彩四射的优雅风情。

图6-19 "咖啡粒"系列（一） 图6-20 "咖啡粒"系列（二） 图6-21 "咖啡粒"系列（三）

图6-22 "咖啡粒"系列（四） 图6-23 "咖啡粒"系列（五）

二、梵克雅宝

1. 隐秘式镶嵌工艺（Mystery SetTM）

1895年，艾斯特尔·雅宝（Estelle Arpels）与阿尔弗莱德·梵克（Alfred Van Cleef）喜结连理后，于1906年在巴黎芳登广场22号共同创立了梵克雅宝精品店。随后，他们独创了隐秘式镶嵌工艺。这一技术革新不仅将梵克雅宝的制作技艺推向了新的高度，还带来了前所未有的视觉盛宴，充分展现了品牌的独特创意与卓越工艺。

2. 梵克雅宝2023年高级珠宝系列"壮游之旅（Le Grand Tour）"

梵克雅宝2023年推出的高级珠宝系列——"壮游之旅"（图6-24、图6-25），灵感来自文艺复兴时期欧洲年轻贵族阶级兴起的"壮游之旅"——一次探访欧洲文化重镇的历史性巡游。这个主题的高级珠宝系列旨在礼赞世家秉持至今的宝贵传统。该系列珠宝巧妙地融合了梵克雅宝标志性的精湛工艺与色彩斑斓的宝石，每一件作品都宛如精心绘制的画作或雕塑，散发着浓郁的艺术气息。这一系列近70件独一无二的珠宝杰作，引领着观赏者踏上了一场探索欧洲文化的深度之旅。

图6-24 "壮游之旅"之尼尼福项链

图6-25 "壮游之旅"之卡瑞拉项链

"壮游之旅"起源于16世纪的英国，是欧洲文艺复兴时期年轻贵族的一种独特旅行方式：出身贵族家庭的年轻人年满21岁时，由博学的向导陪伴，从旅行中汲取灵感，设计出了神殿广场系列珠宝（图6-26、图2-27）。"壮游之旅"高级珠宝系列是追寻旅行者足迹，从英国出发，游经法国、意大利和德国，展开的一场跨越时空的欧洲漫游。

"永恒之神"胸针，以金、白金、玫瑰金精制，镶嵌3.47克拉粉蓝宝、灰珍珠、蓝宝、青金石及钻石，尽显奢华与永恒之美（图6-28）。胸针生动再现了英国查茨沃斯庄园的赫柏女神雕塑，背景中的大量视觉元素均以花园石景为灵感。花园石景"悬空"镶嵌着一颗3.47克拉马达加斯加粉色蓝宝石，成为点睛之笔，诠释欧洲艺术自古典至巴洛克时期对青春永驻的美好寓意。青春女神立青金石上，洒仙馔密酒。周围镂空结构由黄K金与钻石交织，模拟岩石起伏，尽显巧思与生动。

"乔西亚"（Josiah）钻石项链（图6-29）如缎带般环绕颈间，垂落2颗可拆卸的、总重近47克拉的椭圆形斯里兰卡蓝宝石，展现浓郁蓝色调。"乔西亚"白金耳坠（图6-30），镶嵌阶梯型和圆形明亮式切割钻石。灵感来自英国瓷器商韦奇伍德（Wedgwood）的经典蓝白色骨瓷作品。

伊丽莎白（Elizabeth）耳环及可拆式吊坠（图6-31），采用玫瑰金镶嵌两颗分别重1.71克拉和5.8克拉的三角形切割粉红色尖晶石，搭配珊瑚、钻石。

"卢森迪（Lucendi）"耳环（图6-32），传承巴黎的优雅品位，以珍贵的材质唤起人们对昔日宫廷仕女的回忆，恰似置身灯影下的闺房罗帐中。运用白金和玫瑰金塑造出18世纪法国吊灯的华丽轮廓，融合几何图案和利落线条，间以璀璨钻石轻盈点缀。该作品的最大亮点是2颗水平镶嵌的椭圆形切割红碧玺主石灵动垂落颈侧，饱和的深红色调让人联想到贵族仕女身披华服，在流光溢彩的社交舞会中的动人画面。

图6-26 "神殿广场（Piazza Divina）"金质项链　图6-27 "神殿广场"金质项链　图6-28 "永恒之神"胸针

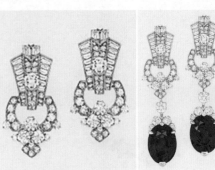

图6-29 "乔西亚"钻石项链　　　　　　　　　图6-30 "乔西亚"白金耳坠

图6-31 伊丽莎白耳环及可拆式吊坠　　图6-32 "卢森迪"耳环

图6-33 "僧侣之心"白金项链

　　"僧侣之心（Regina montium）"项链及可拆卸式吊坠（图6-33），再现俄国小说家列夫托尔斯泰1857年的短篇小说《卢塞恩》中主人公于瑞士瑞吉峰俯瞰卢塞恩湖的场景。钻石项链宛如白雪皑皑的山峦，亮点是镶嵌着一颗重达16.26克拉的枕形蓝绿碧玺和一颗重达27.7克拉的椭圆形蓝绿碧玺主石，衬以蓝紫色调蓝宝石、坦桑石和海蓝宝石，明快的宝石色彩描绘出迷人的湖光山色。

　　"冰川之星（Étoile des glaciers）"胸针（图6-34）描绘出高原野花灿烂盛开的曼妙仙姿。冬去春来，松涛摇曳，紫罗兰含苞初开，昭示着万象更新。晴岚暖翠，雪绒花在暖阳下悠悠醒转，芬芳吐艳。野生雪绒花珍稀难觅，其细密绒毛的纯白花瓣每年迎春盛开。浓郁的黄钻与色泽柔和的蓝色蓝宝石交相辉映，衬托着圆形、梨形、方形和榄尖形切割钻石花瓣，为珠宝镀上光影流转的动人美态。

　　亚得里亚海女王（Reine de l'Adriatique）可互换主题图案的项链与胸针（图6-35），以精巧工艺镶嵌色泽浓郁的蓝色宝石。该作品灵感来源于圣马可广场（Piazza San Marco）——威尼斯极具代表性的名胜古迹。两排饰有圆模雕刻纹理的玫瑰金串连整个项圈，不同的珠宝图案相间点缀其中。镂空的结构犹如勾勒出大运河的水道，小桥在流水上方交错，与宏伟的宫殿巧妙衔接的中心吊坠可替换为一枚胸针。胸针以宝石组成微型马赛克，描绘从海上眺望的威尼斯景致。

　　卡佩兹（Capriccio）项链（图6-36）和耳环及可拆式吊坠（图6-37），展示了古罗马的辉煌遗迹，其恢弘之美从未因岁月流逝而褪色。曾象征君权或神权的宏伟宫殿如今虽已倾颓，却依旧能看到曾经显赫一时的痕迹。两排钻石呼应古建筑的拱顶，一条黄K金轮廓线镶嵌其中，烘托其几何造型。5颗祖

图6-34 "冰川之星"胸针

图6-35 亚得里亚海女王项链与胸针　　　　　　　图6-36 卡佩兹项链

图6-37 卡佩兹耳环及可拆式吊坠　　　　　　　图6-38 "马赛克花园"长项链

母绿总克重达33克拉，处处透露着优雅风采。

　　古罗马艺术灵感"马赛克花园（Jardin de mosaïque）"长项链（图6-38），链身由6排总克重近550克拉的祖母绿圆珠连缀而成，层次丰富，如一泓碧水照映胸前，勾勒出典雅瑰丽的弧线。不同琢型钻石构成华丽的铰链元素。焦点是一颗重达56.97克拉的六边形切割哥伦比亚刻面祖母绿主石，其上精细雕刻花卉图案，呈现古典而华贵的风格。

　　"丰饶之角（Cornucopia）"胸针（图6-39）上镶嵌着一颗重达12.38克拉枕形切割红碧玺，不同角度反射光线的刻面使宝石绽放深邃浓郁的红色调。钻石叶片、紫水晶花束及镶嵌有红宝石和石榴石的石榴图案在其周围绽放。顶部抛光宝石从奇幻的羊角中涌现，构成丰饶景象。镶嵌蓝宝石、石榴石和钻石的花蕾组成珍贵花束，彩色宝石泛起微妙细致的色调层次，拼凑出绮丽而和谐的效果，在钻石的炫彩和玫瑰金的柔光映照下熠熠生辉。

　　"帝国月桂（Laurier impérial）"胸针（图6-40）镶嵌着一颗可追溯至公元前三世纪的古董刻面蓝宝石，宝石上的凹雕纹理呈现出古罗马皇帝卡拉卡拉（Caracalla，188~217年）身着袍服的形象。

　　梵克雅宝以德国巴登地区传统节日庆典中宾客们头戴的精美花冠为灵感，匠心独运地设计出了"绵羊（Schäppel）"戒指（图6-41），将节日的喜庆与自然的灵动完美融合于珠宝之中。以一颗3.28克拉枕形红宝石为主石，外圈围簇圆形祖母绿、红宝石、彩色蓝宝石、锰铝石榴石等瑰丽彩宝，营造出缤纷愉悦的庆典氛围；"半木结构（Jeu de colombage）"戒指（图6-42）灵感来自当地传统的半木式房屋，红宝石和蓝宝石勾勒出建筑般的几何线条，托起中央一颗13.35克拉的糖面包山型切割祖母绿主石。

图6-39 "丰饶之角"胸针　　图6-40 "帝国月桂"胸针　　图6-41 "绵羊"戒指　　图6-42 "半木结构"戒指

三、宝格丽

1. 宝格丽的灵蛇（Serpenti）系列

20世纪40年代，宝格丽首次以曲线柔美的腕表表镯诠释灵蛇这一魅惑动人的图腾标志。运用煤气管（Tubogas）技术的宝格丽早期作品及饰有金色鳞片或多种颜色珐琅的现实主义作品都成了宝格丽品牌发展的重要沉淀。20世纪60年代，宝格丽的灵蛇腕表（Serpenti Secret）（图6-43）将表壳隐藏于蛇头卜，蛇头的卜上部分设有金属扣盖，揭丌即可观看表盘。表身更是经过精心打造、融汇众多设计元素：每片鳞片均以金片手工制作，并以焊金轴相连；珐琅款则以螺丝闩紧。中央穿入18K白金质的弹簧片，以确保完美的灵活性。

2. 灵蛇系列诞生75周年

为了庆祝灵蛇系列诞生75周年，宝格丽珠宝创意总监露西亚·西尔维斯特里（Lucia Silvestri）设计了独一款的蛇蝎美人系列高级项链作品（图6-44）。铂金塑造的蛇身完美地与颈部贴合，缟玛瑙与密镶圆钻的黑白对比，营造出立体的视觉效果，空隙间点缀着近30颗弧面切割的祖母绿，散发出夺目的魅力光芒，令人陶醉。

3. 地中海（Mediterranea）高级珠宝

宝格丽地中海珠宝系列融合多元文化精髓，以精妙工艺展现非凡想象力，绽放独特魅力。

埃克塞德拉（Exedra）吊坠长项链（图6-45）将罗马的不朽建筑艺术变成珠宝。重约68.88克拉的祖母绿巧妙地搭配色彩斑斓的宝石，其中包括祖母绿、紫水晶和绿松石，而珍贵宝石与半宝石形成了和谐对比。独特六边形设计，尽显意式风情，焕新吊坠造型，承袭古老几何韵味。

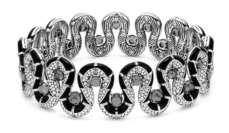

图6-43　灵蛇腕表　　　　　　　　　　图6-44　蛇蝎美人系列高级项链

图6-45　埃克塞德拉吊坠长项链　　　图6-46　地中海缪斯项链　　　图6-47　东方幻韵项链

地中海缪斯项链，灵感源于地中海风情与南意大利精髓，绽放意式璀璨光彩与迷人魅力。以耀目钻石搭配深浅不一的蓝色调宝石，重约15.13克拉的枕形蓝宝石仿佛镶嵌于蔚蓝海浪之中，展露灵动优雅的绮丽之姿。9颗总克重达34.63克拉的浅蓝色梨形切割海蓝宝石与蓝宝石主石构成鲜明对比；9颗总克重达25.17克拉的圆形蓝宝石珠粒、方形阶梯式切割钻石和梨形明亮式切割钻石更为作品增光添彩（图6-46）。

东方幻韵项链（图6-47）以绵延起伏的沙漠为灵感，用9颗淡橙色石榴石与黄水晶诠释来自古老东方的典雅风格，镶嵌珍珠母贝和黑色缟玛瑙的几何图案宛如曼妙绝伦的海娜文身，令人沉醉于迷人意蕴之中。

四、蒂芙尼

蒂芙尼的发展历史如一部近现代钻石史。在钻石珠宝的世界中，蒂芙尼率先摆脱古典束缚，开启现代风格，被美国媒体奉为"钻石之王"。

1. 钻石之王和六爪镶嵌

1886年，蒂芙尼将一枚圆形明亮式切割钻石巧妙地安放在一个镶有六爪的戒托之上，蒂芙尼经典的六爪镶嵌钻戒由此诞生，钻戒求婚的传统也由此开启。

2. 蒂芙尼"幻海秘境（Out of the Blue）"系列

蒂芙尼珠宝与高级珠宝首席艺术官娜塔莉·韦代耶（Nathalie Verdeille）加入品牌后设计的首个"幻海秘境"高级珠宝系列，从让·史隆伯杰非凡的想象与设计哲学中采撷灵感，以几何美学与风格化的艺术笔触，续写让·史隆伯杰奇幻神秘的蔚蓝史诗。

夏季系列作品围绕沧海拾贝（Shell）、珊瑚溢彩（Coral）、水母绮想（Jellyfish）、鱼跃光影（Pisces）、海岩星韵（Starfish）、星海之景（Scenery of the Starry Sea）和星辰海胆（Star Urchin）七个主题展开，诠释海洋生灵的万千趣态，彰显蒂芙尼出众卓绝的匠心妙艺。

沧海拾贝主题（图6-48）以精湛工艺再现海洋造物的立体之美。该主题作品中最具代表性的是多用途佩戴的吊

图6-48　蒂芙尼沧海拾贝主题

坠，在拆卸贝壳造型吊坠时巧妙呈现隐于背后的一颗重约21克拉的黑色欧泊（Opal）。珊瑚溢彩主题（图6-49）呈现了一系列以坦桑石、蓝宝石及黄钻为主的设计作品，创新诠释珊瑚的盎然生机与纷繁色彩。水母绮想主题（图6-50）则以闪耀水母造型胸针巧妙勾勒深海中的那抹盈盈之姿。

　　鱼跃光影主题（图6-51）深入探索海洋元素，呈现兼具未经优化处理的帕帕拉恰蓝宝石，坦桑尼亚翁巴（umba）蓝宝石及钻石的多款设计，为海洋的冷蓝色调注入温暖气息，再叙蒂芙尼传奇大师让·史隆伯杰对海洋生物的钟情。星辰海胆主题（图6-52）则在和谐对称与鲜明造型的平衡中，以坦桑石和手工雕刻玉髓生动诠释海胆的多刺外观，展现海洋生命的丰富多样。

　　海岩星韵主题（图6-53）以海洋的标志性轮廓为灵感，焕新演绎海星造型，巧妙运用欧泊、海蓝宝石、碧玺及绿柱石搭配蒂芙尼钻石，勾勒海星布于岩石之上的生动画面。同主题的另一套钻石珠宝作品亦是对这一海洋生物主题的全新想象。星海之景主题作品（图6-54）为了勾勒梦幻而唯美的生态图景，每颗珍珠母贝海星均在精准切割下，与璀璨珊瑚图案完美相融，让人得以一窥迷人的海洋系统。

图6-49　蒂芙尼2023高级珠宝系列珊瑚溢彩　图6-50　2023高级珠宝系列水母绮想

图6-51　蒂芙尼2023高级珠宝系列鱼跃光影　图6-52　蒂芙尼2023高级珠宝系列星辰海胆　图6-53　蒂芙尼2023高级珠宝系列海岩星韵

图6-54　蒂芙尼2023高级珠宝系列星海之景

五、宝诗龙

1. "问号项链"不对称的经典

"问号项链"是巴黎高级珠宝品牌宝诗龙最具代表的高级珠宝作品之一。1883年，俄国沙皇亚历山大三世向宝诗龙定制了一款"问号项链"，以华丽的孔雀羽毛作为项链的主题（图6-55）。这是第一款孔雀羽毛（Plume de Paon）问号项链。1889年，宝诗龙第一次在世博会上展示自己的创意与手工艺的结晶——问号项链，用全新的立体花朵坠饰问号项链，向世人展示这独一无二的款式设计，并荣获传奇的世界博览会金奖。

2019年推出的"茛苕叶（Feuilles d'Acanthe）"自然风格钻石珠宝（图6-56），灵感来自巴黎建筑的茛苕叶浮雕装饰，设计师用白金塑造出叶片柔和延展的形态，细致镂空的叶片上镶满钻石，轻盈而闪亮动人。2020年，宝诗龙推出了"花之云朵（Nuage de Fleurs）"项链（图6-57）。其设计灵感深植于品牌历史档案中的经典之作——"问号项链"，巧妙地将这一标志性元素与轻盈云朵和绚烂花卉相结合，创造出既复古又浪漫的新时代珠宝杰作。设计师延续经典的问号结构，让绣球花枝自然环绕于脖颈，盛开的花朵摇曳于胸前，展现盎然的生命力。宝诗龙的巴黎常春藤系列，巧妙融合自然常春藤元素与精湛工艺，展现出生机勃勃、独特个性的高级珠宝魅力，既传承品牌经典又引领现代时尚潮流（图6-58）。

"问号项链"有着形如问号的柔软线条与开放式设计，开口处没有搭扣，却巧妙地以一根隐形弹簧围绕在颈部，靠着金质本身的延展性和隐藏关节服帖于胸口。设计师必须找到颈部曲线的准确起伏，并巧妙地将项链的中心控制在锁骨处，才能保证项链在佩戴时总能服帖于胸部，优雅勾勒出女性脖颈之美。

2. 历史风格（Histoire de Style）高级珠宝系列

历史风格高级珠宝系列推出了全新系列——"宛如女王（Like a Queen）"（图6-59）。

这一系列以伊丽莎白公主18岁时收到的生日礼物——宝诗龙海蓝宝石双回形钻石胸针（图6-60）为设计灵感。这枚胸针采用典型的装饰派艺术风格，对称的几何图案，简约大气的线

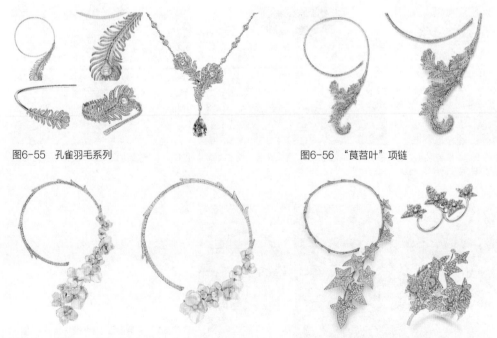

图6-55 孔雀羽毛系列

图6-56 "茛苕叶"项链

图6-57 "花之云朵"项链

图6-58 巴黎常春藤（Lierre de Paris）系列

图6-59 "宛如女王"高级珠宝系列（一）

图6-60 伊丽莎白公主18岁时收到的生日礼物

图6-61 "宛如女王"高
级珠宝系列（二）

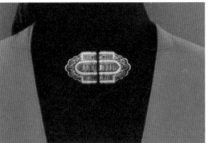

图6-62 "宛如女王"高级珠宝系列（三）

图6-63 "宛如女王"高级珠宝系列（四）

图6-64 "宛如女王"
高级珠宝系列

图6-65 "宛如女王"高级珠宝系列

图6-66 "宛如女王"高级珠宝系列

条，清新淡雅的配色，古典而又奢华。

　　创意总监克莱尔·乔伊斯对 "宛如女王"这一款式（图6-61~图6-63）十分着迷，并以18件高级珠宝重新诠释了这一经典的装饰艺术风格，巧妙地通过可转换结构和色彩斑斓的宝石为经典注入现代风采。

　　"宛如女王"高级珠宝系列中的海蓝宝石手镯（图6-64）与1937年的双回形胸针在结构上有着异曲同工之妙。为了凸显出海蓝宝石的色彩，克莱尔·乔伊斯还使用了蓝色的漆面作为点缀，款式奢华大气，夺目吸睛。

　　"宛如女王"高级珠宝系列中的红宝石与钻石项链（图6-65）也颇为惊艳，尤其是别具一格的链条结构，更为整体的造型增加亮点。下方的装饰环扣为可拆卸式，既可以作为胸针单独佩戴，也可以作为项链组合佩戴，一物两用。

　　"宛如女王"高级珠宝系列中的珍珠钻石珠宝扣搭配铺镶钻石的装饰艺术双回形元素珠宝扣（图6-66），珍珠柔和的光彩与钻石闪耀的光芒营造出精致的奢华感，衬托出佩戴者与众不同的品位与眼光。

六、布契拉提

1919年，有着"金匠王子"之称的设计师马里奥·布契拉提（Mario Buccellati）在米兰的史卡拉（La Scala）剧院附近创办了布契拉提品牌。其以文艺复兴时期意大利的艺术元素为灵感，结合传统手工技艺金属雕刻创造出一件件华美的珠宝。布契拉提品牌的经典工艺——织纹雕金（Rigato），就是由技艺精湛的工匠采用传统的工艺技术雕琢而成。

布契拉提推出的"马克里"系列"马克里色彩"，采用鸡尾酒式风格设计，大颗粒彩色宝石搭配雕刻拉丝工艺塑造繁复华丽的视觉效果，呈现戒指、耳环等常见配饰。鸡尾酒戒指（Cocktail Rings）作品（图6-67、图6-68），以其奢华风令人瞩目。每枚戒指均镶嵌着令人惊叹的大颗粒彩色宝石：7.22克拉的深邃海蓝宝石、8.7克拉的璀璨蓝宝石、10.66克拉的清新绿松石，以及14.16克拉的迷人欧泊。这些主石经过精心挑选，采用优雅的椭圆形或弧面切割琢型，淋漓尽致地展现了宝石明快而瑰丽的色彩，洋溢着无限的活力与奢华魅力。

新作耳钉（图6-69）延续了"鸡尾酒"式设计，中央镶嵌椭圆形或弧面切割彩宝主石。除了金雕装饰工艺外，该戒指还点缀有圆形钻石、祖母绿、红宝石和蓝宝石等撞色宝石，每一个细节都独具匠心。

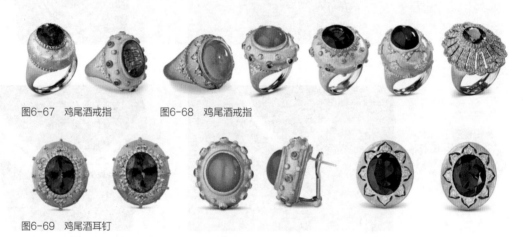

图6-67　鸡尾酒戒指　　　　图6-68　鸡尾酒戒指

图6-69　鸡尾酒耳钉

七、伯爵

1. 珠宝腕表的极致工艺

伯爵品牌成立于1874年，以精湛的工艺成为腕表界的明星。自1990年起，伯爵品牌开始推出珠宝，借由腕表的镶嵌工艺、珐琅工艺及雕金技术，令珠宝饰品呈现出别样的光彩。

2. "伯爵拥有"（Possession）珠宝新作

"伯爵拥有"系列2023新一季作品，延续标志性的旋转式金圈设计，融入伯爵20世纪60年代推出的宫廷式图腾（Palace Décor）金雕刻纹装饰，让人联想到高定时装中细腻的丝缎质感。

新作中最引人注目的是3件挂坠设计（图6-70~图6-73），具有玫瑰金和白金2种版本——挂坠呈现3个自由转动的金环，蕴含时来运转的美好寓意。金环上分别镶嵌圆钻，搭配宫廷式图腾刻纹或镜面抛光处理，流转的光影与璀璨火彩相映，风格华丽而迷人。

戒指新作同样融合钻石镶嵌和金雕工艺。其中，最华丽的是一枚宽边戒指采用4圈式设计，中央2圈旋转式戒圈共镶嵌82颗明亮式切割钻石，外沿2圈金雕宫廷式图腾刻纹，风格灵动且具有华丽的视觉层次。

图6-70 "拥有"系列
玫瑰金挂坠（一）

图6-71 "拥有"系列
玫瑰金挂坠（二）

图6-72 "拥有"系列
白金挂坠（三）

图6-73 "拥有"系列K金
戒指）

八、御木本（Mikimoto）

御木本创立于1893年，以养殖珍珠著称，擅长将珍珠与珍贵宝石结合，创作出独特珠宝设计。其中又以鹤或常见图案（如蝴蝶结）等主题（图6-74）较为常见，优雅而庄重。御木本成立以来，一直致力于以自然为设计灵感，捕捉自然之美。

1. 御木本幸吉的珠宝传奇

20世纪初，日本首饰制造工艺尚显落后，但御木本幸吉于1907年创立了"御木本黄金珠宝加工厂"。作为日本首家珠宝设计及配饰加工工厂，他引领了日本珠宝行业的革新。御木本幸吉被誉为"宝石皇后之父"，他巧妙融合洁白圆润的珍珠与珍贵宝石，创造出既具东方韵味又具国际风范的珠宝作品，展现了其对美的极致追求，推动了日本珠宝制造业的发展，并在国际珠宝舞台上赢得了声誉。

御木本崇尚欧洲制作工艺和日本传统技术的完美融合，独创了属于御木本的珍珠珠宝工艺。

2. 高级珠宝"野性传奇意境"（Wild and Wonderful）系列

2022年高级珠宝系列"野性传奇意境"（图6-75），设计灵感采撷自五大洲野生动物，演绎动物千姿百态。该系列运用珍珠与珍贵宝石打造华美珠宝作品，一展"五大洲"之波澜壮阔。御木本由衷感恩孕育珍珠的大自然，致力于通过创作，将珍珠珠宝的艺术延伸至世界的每一个角落，使人一起感受身临其境般的精彩视觉盛宴（图6-76～图6-86）。

图6-74 丝带游戏（Jeux de Rubans）项链

图6-75 "野性传奇意境"系列

图6-76 "野性传奇意境"系列——孔雀羽毛珠宝套装　　　　图6-77 "野性传奇意境"系列——火烈鸟胸针

图6-78 "野性传奇意境"系列——树蛙　图6-79 "野性传奇意境"系列——非洲象　　图6-80 "野性传奇意境"系列——考拉

图6-81 "野性传奇意境"系列——熊猫　图6-82 "野性传奇意境"系列——海豹　图6-83 "野性传奇意境"系列——丹顶鹤

图6-84 "野性传奇意境"系列——羚羊　图6-85 "野性传奇意境"系列——孔雀　图6-86 "野性传奇意境"系列——蜂鸟

图6-87 "野性传奇意境"系列——斑马　　　　　　　　图6-88 "野性传奇意境"系列——鹦鹉

图6-89 "野性传奇意境"系列——企鹅

御木本珍珠高定系列里的奇思妙想动物世界圆润的珍珠虽然颇受欢迎，但异形珍珠（巴洛克珍珠）通过创意设计打造出的全新的境界也独具一格。长度、突起、皱褶等变形程度不一的巴洛克珍珠，甚至是稀有的孔克珍珠，让作品变化不一，增添趣味、生机洋溢（图6-87～图6-89）。

九、华洛芙（Wellendorff）

德国城市普福尔茨海姆（Pforzheim），其黄金和首饰加工业有240多年的历史，被称为"黄金之城"。在这里诞生的华洛芙珠宝被德国珠宝商被选为德国第一珠宝品牌。1893年，华洛芙创始人爱恩斯特·亚历山大·华洛芙以年级最优的成绩自巴登大公爵工艺美术学院毕业后，在普福尔茨海姆创立了他的珠宝工坊。

华洛芙金丝编花项链（图6-90、图6-91）如丝般细滑，拥有与肌肤独一无二的贴合度和丝滑触感。第一条金丝编花项链的创造者是家族第三代传人汉斯佩特·华洛芙（Hanspeter Wellendorff），其经过数年潜心研究，终于用18K金创作出妻子梦想中的金丝编花项链。为了达到丝绸般柔软且坚韧的项链，华洛芙的工匠需要用160米长、直径仅为0.3毫米的金线手工缠绕编织，使其坚韧且丝滑。

图6-90 华洛芙金丝编花项链（一）　　　　　　图6-91 华洛芙金丝编花项链（二）

十、海瑞·温斯顿（Harry Winston）

1947年，《时尚》（Cosmopolitan）杂志赋予了海瑞·温斯顿"钻石之王（King of Diamonds）"的美誉，这个美称从此成了他的代名词。

海瑞·温斯顿的收藏始于1925年，他购得了丽贝卡·达林顿·斯托达德（Rebecca Darlington Stoddard）的典藏珠宝，并于次年得到铁路大亨遗孀阿拉贝拉·亨廷顿（Arabella Huntington）的系列收藏。海瑞·温斯顿的忠实客户包括印度印多尔大公（Maharajah of Indore）和温莎公爵夫人（Duchess of Windsor）等知名家族、皇室成员、产业巨亨（图6-92、图6-93）。

图6-92 海瑞·温斯顿受美国上层社会的喜爱

图6-93 玛丽莲梦露佩戴着海瑞·温斯顿的高级珠宝系列

图6-94 海瑞·温斯顿代 图6-95 锦簇镶嵌系列 图6-96 "温斯顿与爱"系列戒指（一）
表作品——方钻

图6-97 "温斯顿与爱"珠宝系列（二） 图6-98 "温斯顿与爱"珠宝系列（三）

1. 温斯顿设计风格

海瑞·温斯顿珠宝系列，灵感源自品牌独有的超过10万份设计图稿与彩绘档案，融合经典与现代，打造非凡珠宝作品（图6-94）。

2. 锦簇镶嵌：圣诞花环的灵感之作

海瑞·温斯顿巧妙借鉴冬青叶圣诞花环的自然之美，创造出独特的锦簇镶嵌系列，将宝石以精妙绝伦的方式镶嵌，形成繁花似锦的视觉效果（图6-95）。

3. 爱的旋律：温斯顿与爱系列

温斯顿与爱（Winston With Love）珠宝系列，如同悠扬动听的情歌，每一款设计都蕴含着深情的告白与浪漫的期许，让人沉醉在爱的旋律之中（图6-96~图6-98）。

十一、尚美巴黎（CHAUMET）

1830—1840年，尚美巴黎的设计仍是自然主义风格。此时设计的冠冕可以被拆分成诸如发饰、胸针等8个部分。除了精妙的"可转换式设计"之外，尚美巴黎还在作品上加入了可颤动式宝石镶嵌工艺，使得整件作品栩栩如生。例如，设计师让·巴蒂斯特·福森（Jean Baptiste Fossin）曾在1850年创作的一件三色堇（Pansy）主题古董冠冕（图6-99），运用金、银细丝和钻石塑造出纤薄而生动的花瓣与叶片，具有典型的自然主义色彩。

2023年高级珠宝系列尚美花园（Le Jardin de CHAUMET）中还有一款三色堇主题钻石戒指（图6-100）。设计师巧妙塑造出三片色彩渐变的圆润宝石花瓣，中央镶嵌钻石主石作为花蕊，不同颜色宝石的火彩交织营造出丰沛生命力。以现代视角重塑三色堇花朵的独特造型——铂金塑造出圆润饱满的花瓣轮廓，一片花瓣镶嵌大颗粒的椭圆形钻石展现熠熠光芒；另外3片花瓣衬以

图6-99 三色堇主题古董冠冕　　　　　　　　图6-100 尚美花园三色堇钻石戒指

雪花镶嵌钻石，花瓣边缘自然过渡至蓝宝石或粉色蓝宝石，描绘出三色堇天然渐变的色彩层次。

十二、博格豪森（Boghossian）

博格豪森家族，一个跨越六代、根植于古代阿美尼亚丝绸之路上，历经土耳其、比利时最终定居瑞士日内瓦的珠宝商及宝石贸易世家，自20世纪70年代起，在第五代传人阿尔伯特与简两兄弟的引领下，开启了珠宝艺术的新纪元。这对兄弟不仅继承了家族对宝石的深刻洞察与精湛工艺，更勇于从全球艺术中汲取灵感，将东西方文化的精髓完美融合于珠宝设计之中（图6-101）。他们的作品，每一件都是对美的极致歌颂，通过精湛切割展现宝石天然之美的同时，传递出东西方和谐共生的文化哲学，成为了跨越时空、连接不同文明的璀璨艺术珍品。

1."钻石之吻（Kissing Diamond）"系列

"钻石之吻"双主石设计（图6-102）是博格豪森的特色之一，通过巧妙的镶嵌结构让一颗宝石嵌入另一颗宝石中，形成多层次的视觉华丽效果。

2."魅影（Merveilles）"系列

"魅影"系列（图6-103）也是博格豪森的特色，这一系列的珠宝通过独特的镶嵌结构呈现出流线型的珠宝设计。

图6-101 博格豪森经典设计　　　　　　　　图6-102 "钻石之吻"系列

图6-103 "魅影"系列

十三、加拉蒂亚（GALATEA）

加拉蒂亚，美国独树一帜的珍珠雕刻品牌，采用罕见彩色宝石为核，历经长时间孕育，珍珠层厚实。每颗珍珠均经匠人手工精心雕琢，展现出细腻花纹与内核宝石的斑斓色彩，完美融合自然与艺术的精髓，令人赞叹不已（图6-104）。

绿松石为核心，镶嵌于14K黄金的加拉蒂亚花朵戒指"荷花里的瑰宝"，融合自然美与精湛技艺，荣获国际珍珠设计大赛奖项，绽放如荷塘中的艺术珍品（图6-105）。该作品正中间是15毫米、对称性近乎完美的大溪地珍珠，外面的"花瓣"也是大溪地珍珠做成的，中间劈开，手工雕刻后再合成花瓣。作品"生命之鸿"（图6-106）的灵感来源为极乐鸟。传说极乐鸟是天国神鸟，它们追逐自由和幸福，一生只落地一次。手工雕刻的水滴形大溪地珍珠、孔雀羽毛和14K黄金的结合，成就了这个独一无二、栩栩如生的鸟形吊坠。

图6-104 加拉蒂亚雕刻的珍珠

图6-105 "荷花里的瑰宝"

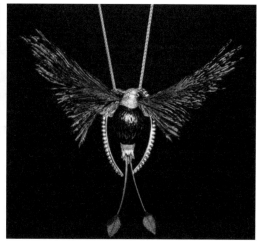

图6-106 "生命之鸿"

十四、老凤祥

老凤祥，这一拥有近两个世纪历史的中华老字号民族品牌，以其精湛的工艺、多元的设计、上乘的材质和深厚的文化底蕴，在珠宝界独树一帜。每一件作品都是传统与现代、东方与西

图6-107　老凤祥银楼花丝工艺　　　　　　　　图6-108　老凤祥银楼传统工艺代表作

方美学的完美融合，不仅闪耀着自然赋予的璀璨光芒，更承载着深厚的文化寓意与情感价值。这让老凤祥成为了传承与创新并蓄的珠宝艺术典范（图6-107、图6-108）。

十五、萃华

1895年，中国士绅关锡龄于当时风情古雅的沈阳，开设了第一家珠宝店——萃华金店（图6-109）。它就是萃华珠宝的前身。

自开业开始，关锡龄便聘请了拥有精湛技艺的金银匠人来到萃华。同时，萃华手工艺人对首饰精雕细琢的高超工艺（图6-110），引起了清王朝皇室的注意，从而促使萃华珠宝成了清皇室的珠宝商、御用工匠。清末皇家工艺的代表为溥仪使用的纯金皇冠冠柱（图6-111）。该皇冠冠柱镶嵌镂雕，精美绝伦，堪称工艺品中的精品。

中华民国时期，萃华珠宝以其光辉的皇室御用工匠历史及精美的设计、精湛的工艺，成了军政要员、政府显贵及文化名流的挚爱。

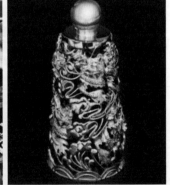

图6-109　萃华金店旧址　　　图6-110　传统工艺旧照　　　图6-111　溥仪佩戴的纯金皇冠冠柱

十六、杰拉德（Garrard）

杰拉德是英国王室御用珠宝商，在欧美珠宝史上闻名已久。品牌成立于18世纪的英国，一位名叫乔治·威克斯（George Wickes）的银匠，擅长制作优美的洛可可风格珠宝。

1843年，英国的维多利亚女王任命杰拉德珠宝为第一个官方的王室珠宝商，专门为王室制造、保养银器和珠宝。著名的"库里南钻石""印度王室王冠"、玛丽女王的王冠等都是由杰拉德制作的，当今的英国王室成员佩戴的仍然是由杰拉德制作的珠宝。

杰拉德在历史上创造了许多引人注目且具有历史意义的可变形头饰设计，如"月桂公主"系列（图6-112）。品牌精美的公主皇冠系列灵感来自英国皇家花园中错综复杂的对称图案。饰有可拆卸的钻石中心饰件，可作为吊坠佩戴，每件均以英国公主的名字命名。

图6-112 "月桂公主"皇冠

十七、王室的皇冠

王冠作为王权的象征，在王室珠宝中的地位不言而喻。延续千年的古老王室所收藏的王冠，无论数量还是贵重程度都在世界上首屈一指。

1. 英国王室皇冠

英国王室是现存最古老的王室之一，其文化、艺术等都对英国的当代艺术产生了很大的影响。英国历代君主的加冕仪式严格奉行传统，这使得英国王室的加冕典礼成为现存的、依然举行的古老仪式。在加冕仪式上，国王头戴的王冠成为全球瞩目的焦点。皇冠作为集尊贵、权力、荣耀于一身的代表，传承着英国王室的历史记忆，是一种文化传承（表6-1）。

表6-1　　　　　　　　　　　　　　　　英国王室皇冠

皇冠名称及样式	造型搭配	设计特点	用途
圣爱德华王冠（St.Edward's Crown）	王冠以黄金为主体，王冠上镶嵌了多达3000颗不同宝石，其中最著名的就是光明山钻石，纯金制作重逾5磅	王冠采用了英国传统的圆环加4道弓形拱的主体结构。拱在交汇处向下凹陷，以容纳上面的珠宝球。拱形之间镶嵌着百合花装饰	王冠为历代君主登基加冕专用
大英帝国王冠（British Imperial State Crown）	王冠镶嵌了4粒红宝石、11粒祖母绿，16粒蓝宝石、227粒珍珠和超过2800粒大大小小的钻石。正中间的红色宝石是重约170克拉的"黑王子宝石"，底部的钻石则是克重达317克拉的"库里南二世"	王冠内衬为蓝色天鹅绒帽，类似于圣爱德华王冠，但比前者略小，且有珍珠镶嵌（维多利亚女王佩戴时，王冠底部正中的史都华蓝宝石如今被挪到了王冠背面）	维多利亚女王加冕时所用的王冠

皇冠名称及样式	造型搭配	设计特点	用途
乔治四世国王王冠（George IV State Diadem）	王冠镶嵌有1333颗钻石，其中4颗是淡黄色的，钻石总计325.75克拉，基座镶嵌有169颗珍珠	王冠的设计融合了玫瑰、蓟草和三叶草三种元素，分别象征英格兰、苏格兰和爱尔兰	女王在邮票肖像、重大场合及钻禧庆典时，常佩戴乔治四世国王王冠，彰显尊贵与荣耀
亚历山大德拉王后的俄式冠冕（Queen Alexandras Kokoshnik Tiara）	王冠包含488颗钻石，镶嵌于白金和黄金制成的底座上	王冠的灵感及命名都来自一种传统俄罗斯头饰，造型简单却不失趣味，像一座尖塔，矗立不倒	亚历山大德拉王后的银婚礼物
玛丽王后穗状王冠（Queen Mary's Fringe Tiara）	此王冠原本是乔治三世国王的私有财产，是一条项链，后来被维多利亚女王安放在了一个框架上作为王冠使用	王冠造型跟俄式冠冕很像，但中间夹着细钻石穗，显得很秀气	维多利亚女王送给孙媳妇玛丽王后的结婚礼物
佛拉吉米尔大公夫人的冠冕（The Vladimir Tiara）	王冠主要选材为钻石、珍珠、祖母绿	王冠设计非常精巧，可以悬挂珍珠或祖母绿吊坠，也可以去掉吊坠，呈现一冠三戴的不同风貌	佛拉吉米尔大公夫人的冠冕作为尊贵权力的象征，经传承改造后成为英国王室重要珠宝，展现其历史、文化与艺术价值
剑桥情人结冠冕（Cambridge Lover's Knot Tiara）	王冠冠身全部用白银打造而成，原先顶部装饰有珍珠，传到戴安娜王妃手上时，珍珠被换成了钻石，拆下来的珍珠则做成了相配套的耳环、项链等	王冠上镶嵌的珍珠造型很像泪滴。自由拆卸的款式设计使拥有者可以根据爱好随意更换宝石的种类。由19个钻石网格组成，每一个网格中镶嵌一个东方珍珠	玛丽王后设计、伊丽莎白二世婚礼结束之后佩戴的，是戴安娜王妃的最爱
大不列颠与爱尔兰女孩冠冕（The Girls of Great Britain and Ireland Tiara）	王冠最初顶端镶嵌的是珍珠，后来全部换成了钻石。王冠顶上的钻石还可以换成珍珠且底座可自由拆卸	王冠用钻石镶嵌，花纹卷曲，围绕成花朵状，9个巨大的东洋珍珠镶嵌在钻石王冠顶部，菱形块状底托，可以用丝带交替缠绕佩戴在头顶	玛丽王后的结婚礼物之一

皇冠名称及样式	造型搭配	设计特点	用途
 缅甸红宝石冠冕 （The Buremss Ruby Tiara）	王冠上的红宝石的光芒与钻石的火彩交相辉映，独一无二	王冠中间的红宝石图案代表英格兰玫瑰。可以说，这顶王冠能反映她的个人风格	王冠上的96颗红宝石是缅甸人民赠送给女王的结婚礼物
 东方之冠 （The Oriental Circlet）	亚历山德拉王冠于1853年由阿尔伯特亲王为维多利亚女王设计，起先王冠上镶嵌欧泊，之后被亚历山德拉王后替换成了红宝石	王冠灵感来自莫卧儿图腾，将盘旋的莲花化成王冠的宝座，极富异域风情	阿尔伯特亲王亲自设计的，送给妻子维多利亚女王的最特别的礼物
 蓝宝石冠冕 （The Sapphire Tiara）	王冠上镶嵌有蓝宝石、钻石	王冠融合了精湛的工艺与优雅的美学，采用高品质的蓝宝石作为主要装饰元素，镶嵌于贵金属框架之中，展现出深邃而迷人的蓝色光泽	女王为了补齐乔治六世送她的一套蓝宝石首饰而设计的
 巴西海蓝宝石冠冕 （The Brazilian Aquamarine Tiara）	王冠上镶嵌有海蓝宝石、钻石	设计师巧妙地运用不同大小和形状的海蓝宝石进行镶嵌，通过精湛的工艺展现出宝石的璀璨光芒，同时注重整体的和谐与平衡，使得冠冕既华丽又不失雅致	女王为了补齐巴西政府在女王加冕之时送给她的一条海蓝宝石项链和一对耳环而设计的
 卡地亚光环冠冕 （Cartier Halo Tiara）	王冠镶饰739颗多面切割钻石和149颗长方形切割钻石	王冠上雕刻涡卷形纹饰，形成一圈光环，璀璨无比	最初是女王的父亲乔治六世送给她母亲的，后来又当作18岁生日礼物送给了女王

皇冠名称及样式	造型搭配	设计特点	用途
德里杜巴冠冕（Delhi Durba Tiara）	王冠由铂金和黄金制作，钻石镶嵌	1911年王冠做成时，上面有五个尖顶，尖顶上镶了5枚硕大的圆形剑桥祖母绿。后来，库利南钻石被切割之后，也有部分镶在了上面。再后来，玛丽皇后把剑桥祖母绿取下来，把原本放在上面的库利南钻石第三和第四也换成了胸针	用于国家庆典、外交活动，以及王室成员的婚礼等重大场合
希腊漫步之安德烈阿斯亲王妃王冠（Princess Andrew of Greece's Meander Tiara）	王冠完全由钻石制成	采用希腊经典回纹式，王冠中央镶嵌着一颗大钻石，被四周的钻石花环围绕	这顶王冠由钻石制成，设计独特，具有深厚的历史和文化意义
格雷威尔王冠（The Greville Tiara）	王冠由钻石、铂金构成	以独特的蜂巢造型和精湛工艺闻名，展现自然界的和谐美与珠宝艺术的非凡魅力	玛丽王后的密友格雷威尔夫人赠送给王室的
泰克新月冠冕（The Teck Crescent Tiara）	王冠底下原来有两排钻石托	其新月形状的设计，镶嵌着璀璨的钻石，展现出优雅而浪漫的风格	玛丽王后的母亲玛丽·阿德莱德郡主所有
卡地亚钻石冠冕	王冠上镶嵌着上千颗圆形钻石和400多颗玫瑰型钻石	王冠灵感来源于18世纪铁艺和建筑装饰，具有心形与C形流畅线条、精致的镶钻工艺	王冠是曼彻斯特的一位公爵夫人订制的，后被交给英国政府作抵税用
钻石胸针皇冠	王冠是由钻石、铂金制成的	王冠上的钻石均依照老式切割法磨制，以卷轴形镶嵌作为主题。其可以拆成一条项链和11枚华丽的胸针。每枚胸针都以玛格丽特公主姓名的首字母"M"为基本造型	钻石胸针皇冠通常用于正式场合的佩戴，以彰显佩戴者的优雅、尊贵与独特气质

2. 欧洲其他国家皇室所藏皇冠（表6-2）

表6-2 欧洲其他国家皇室所藏皇冠

皇冠名称及样式	所在地	造型搭配	设计特点	用途
 路易十五加冕王冠	法国卢浮宫	王冠镶嵌了282颗钻石、237颗天然珍珠、64颗大大小小的蓝宝石、红宝石、祖母绿等贵重彩色宝石，其中还包括大名鼎鼎的摄政王钻石	该王冠是传统拱形王冠。王冠顶部用5颗钻石镶嵌并勾勒出法国王室标志——鸢尾图腾	法国国王加冕时所用的王冠
 拿破仑皇后麦穗冠冕	法国尚美巴黎博物馆	王冠是金银质地的，搭配有66克拉老式切割钻石	王冠由9支麦穗组成，轻盈又动感，体现了当时法兰西帝国的摩登格调	不仅具有极高的艺术价值，还承载着丰富的历史和文化内涵
 洛伊希腾贝格冠冕	法国尚美巴黎博物馆	冠冕的金银托架上镶嵌了698颗钻石和32颗祖母绿，中央花朵的花心镶嵌了一颗近13克拉的六角形祖母绿	冠冕由可拆卸的8个部分组成，每一朵花饰都可以单独拆下来，还运用了精妙的可颤动式宝石镶嵌工艺	最初是拿破仑一世赠予其第一任妻子约瑟芬皇后的礼物，后来传承至洛伊希腾贝格家族
 金钟花冠冕	法国尚美巴黎博物馆	王冠是由铂金、7颗水滴形钻石制作而成	王冠采用的是自然主义风格，在隐秘的梨形托架上巧妙地镶嵌了多颗钻石，整个造型显得浑然一体	杜德维尔康公爵送给女儿和波旁-帕尔玛王子的新婚礼物
 Chaumet黄金珍珠玛瑙浮雕皇冠	瑞典皇室	王冠选用珍珠、浮雕玛瑙制作而成	王冠造型虽然传统，但上面镶嵌着的造型优雅的浮雕宝石却令此王冠与众不同，充满艺术气息。可以看出，7个浮雕有不同的颜色、形状，正中间那个浮雕图案是源自希腊神话的爱神丘比特和他心爱的赛姬	是拿破仑送给其妻子约瑟芬皇后的珍贵礼物

本章总结

    本章聚焦于珠宝首饰的典藏与鉴赏，涵盖了世界著名博物馆的珠宝藏品巡览和珠宝首饰主要品牌及风格的介绍。学生通过本章可以深入了解不同文化、历史和设计风格对于珠宝首饰的影响，同时认识不同品牌的独特风格与传统，理解和区分各个品牌的设计特色。

课后作业

    （1）选择一个世界著名博物馆的珠宝首饰藏品，进行深入研究。撰写一份报告，介绍该博物馆的藏品特色、代表作品及与历史文化的关联。

    （2）选择一家珠宝首饰品牌，分析其设计风格、核心理念及代表作品。比较不同品牌之间的差异，了解其在市场上的独特之处。

    （3）选择一位著名的首饰设计师或品牌，尝试模仿其风格并创作一件小型首饰作品。通过实际操作，深入理解设计师的灵感和技巧。

思考拓展

    （1）思考如何在设计中融入不同文化元素，使得首饰作品更具有深度和独特性。

    （2）引导学生研究珠宝首饰设计领域的未来趋势，包括新材料、数字技术的应用等，思考这些趋势对设计的影响。

    （3）思考在珠宝设计中融入社会责任的理念。例如，可持续性设计、公平贸易等，探讨设计如何为社会和环境作出积极贡献。

课程资源链接

课件

近年来，"工业4.0""智能制造"等概念日趋热门，随着互联网、物联网、云计算、大数据、3D打印（增材制造）等技术的发展，数字软件技术、3D打印技术和智能交互技术支持着珠宝行业的发展。数字化、科技化对设计中技术、艺术、文化、工艺及珠宝的传承与革新起着重要的作用。

第一节　当代首饰设计与数字化技术

数字化技术革新了首饰设计制造，将复杂设计转为数字模型，通过3D打印直接成型，实现了从设计到实物的无缝转换，极大地提升了效率与创意实现的可能性（图7-1）。

1. 3D打印技术概念及应用优势

在数字技术发展下，时尚设计师和饰品设计师开始探索数字技术。结合CAD（计算机辅助设计）、3D打印技术等数字化技术的首饰设计已成为现在首饰设计创作的热门话题。数字化技术使首饰的成型方式更加多样化，提高了效率。

（1）3D打印技术概念。3D打印技术最早出现在20世纪的美国。由于信息技术革命的出现，计算机处理系统不断进步发展，3D打印技术与计算机控制系统相融合，从而完成了由图像到三维立体模型的构建。随着科技的不断发展，3D打印技术已经广泛应用于医疗、教育、珠宝首饰等多个领域，并得到快速发展。3D打印技术所用的材料为金属、陶瓷、塑料等新材料，工作原理是先对数字建模进行计算和分析，再通过层层叠加的方式来完成实体造型的构建。

（2）3D打印技术在首饰设计中应用广泛，优势显著。它简化了生产流程，直接成型仅需抛光、研磨等后处理，通过FDM与LOM等工艺即可高效完成制作。这种技术不仅缩短了设计到成品的周期，还提升了首饰的个性化与复杂性，成为首饰生产中不可或缺的重要角色（图7-2）。

3D打印技术作为作品成型的关键手段，能完美呈现作品的最终材质与形态（图7-3）。相较于传统塑料成型工艺，3D打印展现出更高的修复效率和制造优势：针对单件及小批量塑料制品，其生产速度更快、设计周期更短、成本更低且工艺操作更为简便。

3D打印技术在首饰设计方面的应用也很有优势。

（1）3D打印技术可以减少工具损耗和制作时间，制作更轻的饰品。

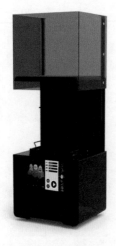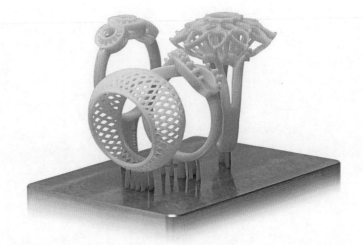

图7-1　首饰用三维打印机　　　图7-2　三维打印模型

（2）用于3D打印机的材料具有特殊性，包括工程塑料、树脂等工业原料，可以满足立体建模的需要。

（3）3D打印增材制造技术能够并行处理多个任务，显著缩短零部件生产时间，并灵活结合不同材质以优化复杂部件性能，精准匹配实际生产需求，提升整体制造效率。

（4）3D打印软件具有独特的造型模拟功能，可以快速实体化虚拟造型，为首饰的制作者提供更有效率的创作方法，以便于系列首饰的设计制作。

（5）3D打印软件具有强大的存储功能，所制造模型（图7-4）的结构、尺寸、形状、数量都受到计算机的严格精确控制，从而减少传统工艺处理制作中产生的数据误差（图7-5）。

2．3D打印与当代首饰的未来发展

我国3D打印技术潜力巨大，正引领当代首饰设计迈向个性化与高效化未来，加速经济创新发展步伐。

首先，首饰设计价值空前凸显，创造力成为核心驱动力，3D打印技术赋予首饰制作高效便捷新体验，深刻影响并激发用户创造力潜能。

其次，首饰定制将越来越流行。随着3D打印技术的快速普及，大众开始追求首饰的个性化，会利用3D打印技术来个性化地设计首饰（图7-6、图7-7），这将使首饰的定义也会相应变化。这是3D打印技术在首饰行业发展中的必然趋势。

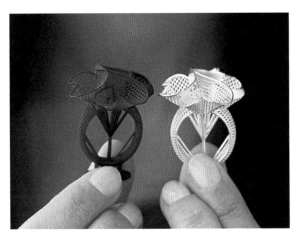

图7-3　3D打印的模型，可以更便捷地展示造型效果

图7-4　3D打印的首饰模型

图7-5　3D打印蜡模与铸造金属模型

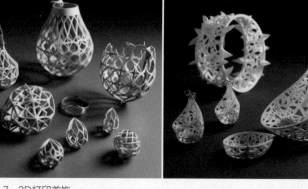

图7-6　3D打印首饰　　　　　　图7-7　3D打印首饰

最后，随着工艺技术的飞跃，传统工艺得以优化提升。现代科技与传统技艺的深度融合，不仅独特化了工艺手段，更在文化传承中注入技术活力，拓宽了工艺选择，激发了设计师的无限灵感。数字化时代下的传统工艺革新，尤其是3D打印技术的效率提升，正成为推动当代首饰设计发展的重要议题，引领着传统与创新的和谐共生。

3. 首饰设计软件概述及应用

珠宝首饰行业，主要应用的CAD软件为犀牛（Rhino 3D）和Jewel CAD（三维珠宝设计软件）。

犀牛是具有许多功能的高级建模软件（图7-8）。犀牛（Rhinoceros）软件在建模领域独具特色。其擅长以线条为基石构建复杂形态，尤其是在塑造面部细节时，线的精准操控展现了非凡优势。对于身体部分的构建，则倾向于运用面来塑造，确保形态的饱满与立体。这种"以线塑面，线面结合"的建模策略，彰显了犀牛软件在设计与创造中的灵活与高效。犀牛软件可以应用在许多行业，如动漫设计、建筑设计、珠宝设计等行业。

犀牛软件特点如下。

（1）工具种类多。

（2）兼容性好，适合安装各类插件。

（3）渲染可由Flamingo渲染器呈现出极为真实的三维效果。

（4）可以直接根据含金量比例计算不同纯度的金重量。

（5）可输出STL等不同格式，并适用于几乎所有的3D软件。

Jewel CAD是珠宝首饰设计行业常用的辅助模型软件。其界面简约，操作简单，容易上手，拥有丰富的资料库（图7-9），包含几百个首饰的配件和各类镶口，资源库的扩展性强，图形负责人可以添加所需材料的资源库。此软件还拥有灵活的绘图工具，可以灵活地制作和修改复杂的设计。

4. 智能穿戴设备

智能穿戴设备是集成在衣服中，或者以个人可安装的零件或物品的形式出现的电子通信设备。其需要把信息收集、记录、保存、显示、传输、分析、解决方案功能与日常服装相结合，配合智能服装制作。具有装饰性和美观性的智能珠宝，满足了人们生活中健康、运动、购物、娱乐等功能需求，成为智能穿戴设备中极受欢迎的产品（图7-10）。

设备数据识别方法包括脑电波、心率、导航和定位、身体运动、身体互动、语音命令和环境变化。输出方法包括声音、屏幕显示、微投影、光、振动和温度。目前，智能穿戴设备、服务

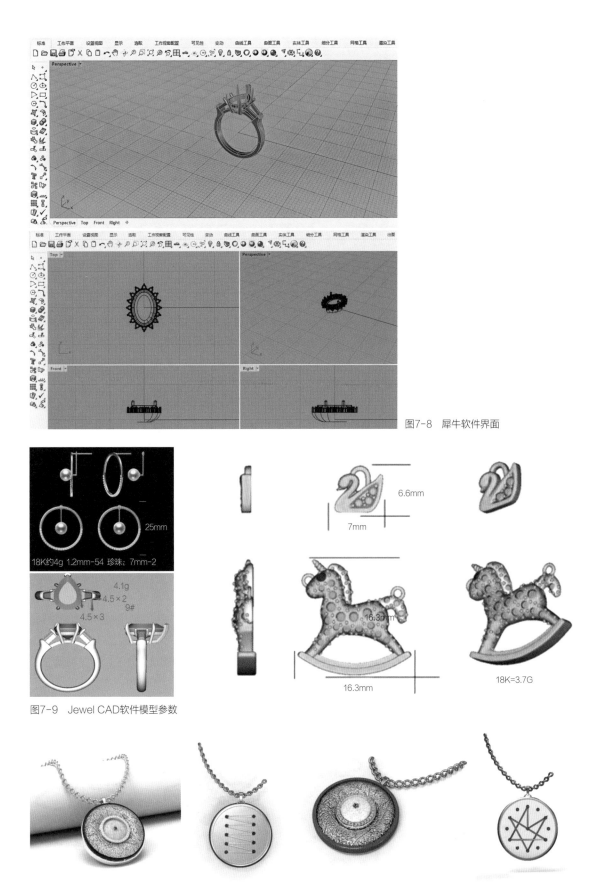

图7-8　犀牛软件界面

图7-9　Jewel CAD软件模型参数

图7-10　减压类智能首饰（白惠京设计）

种类、功能、特性分为以下四种类型（表7-1）。

表7-1 智能穿戴设备分类

名称	健康类	导航类	环境类	动作类
特点	健身步数计量、心率监测、久坐提醒、健康管理等运动辅助功能	通过数字化镜片或全息投影等虚拟现实技术，将导航信息以数据格式实时展现，并进行特定功能操作	对周边的环境（如温度、湿度、紫外线、空气、天气等）进行检测、分析和出行提醒	日常活动监测、动作识别和手势控制、信息提醒、紧急报警、娱乐活动及社交互动等
功能	计时、计步、心率检测、提醒、显示、无线数据收发及分析等	导航定位、导购查询、网页浏览、信息收发、购买支付等	定位、显示、监测、无线数据收发、分析、提醒等	定位、音乐、提醒、显示、分析、无线数据收发、社交等
产品	智能戒指、手环、手表、手镯、运动头带等	智能手表、手环、眼镜等	智能戒指、手环、手表、手镯、吊坠等	智能戒指、手环、手表、手镯等

智能穿戴设备，作为科技与时尚的结晶，正逐步渗透到我们的日常生活中。它们将传统珠宝的精致与智能科技的便捷融为一体，通过先进的传感器和数据分析技术，实时监测用户健康、情绪及环境变化，为用户提供个性化的健康管理和生活辅助。这种创新的结合不仅提升了佩戴者的交互体验，也重新定义了珠宝的价值与功能，引领着未来时尚潮流的新风尚。

国内的智能首饰品牌图尔沃（Totwoo）（图7-11），既是首饰品牌，同时又有科技基因。"Two"意指两个人，"to"意指"连接"，强调人与人之间的连接，这是该品牌的核心理念。"勇敢"手链（图7-12），灵感源自爱情三角形的坚不可摧，侧面镌刻拉丁文箴言"AUDACES FORTUNAA-DIUVAI"，寓意幸运偏爱勇敢之心。该手链巧妙融合北欧Nordic蓝牙技术、美国TI无线充电模块及BOSCH加速度传感器，智能核心与珠宝美学无缝对接，轻敲之间，向挚爱传递爱的信号，尽显科技与浪漫的完美交融。

"遇见（MEET）"系列戒指（图7-13），灵感来源于希腊古币，旨在用更酷的智能新方式结交新朋友。戒指轻碰手机NFC位置并停留1~3秒，再点开弹出的链接存入或分享个人信息，可以全新的智能方式分享自己的信息，带来社交新体验。

5. 新材料与新技术的不断革新

近年来，3D打印技术的成本逐渐下降，所需材料更为多样，除了常用材料（如ABS、PLC、尼龙）外，还可使用金属粉末、陶瓷粉末、光敏树脂等。

美国麻省理工学院的研究人员发现了使用透明玻璃进行3D打印的正确方法。通过精确控制打印厚度，可以调整透光率、反射率和折射率，创建复杂的几何3D打印结构。麻省理工学院工作室通过将具有记忆力的材料印刷在物体上并连接其余的织物纤维连接点，印刷了世界上第一

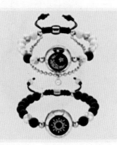

图7-11　图尔沃智能首饰品牌

图7-12 图尔沃"勇敢"智能手链　　　　　　图7-13 图尔沃"遇见"系列智能戒指

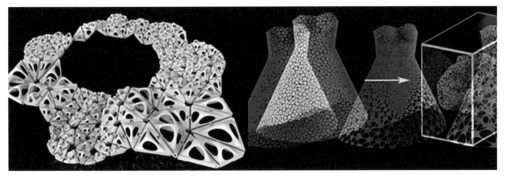

图7-14 神经系统工作室

套4D裙子和珠宝。它能够适应人体结构（图7-14）。数字处理、材料和制造技术方面的不断创新，为设计师创新形式的转变奠定了基础，并促进了数字珠宝设计的可持续发展。

第二节　当代首饰设计与交互应用

1. 3D打印技术传承传统工艺

在当代珠宝设计中，3D打印技术的创新优势显著超越了其潜在的局限，为珠宝创作开辟了无限可能。使用数字软件技术将传统的珠宝工艺（如编织、花丝、雕刻、珐琅和发夹）与3D打印技术相结合，体现了相互融合和促进。将传统手工艺和数字技术结合的澳大利亚艺术家吉尔伯特·里德尔鲍赫（Gilbert Riedelbauch）设计了一款名为"CSH"的胸针。这样可以保留熔融沉积成型工艺（Fused deposition modeling）方法产生的表面纹理，并将该纹理与手工过程留下的痕迹进行比较（图7-15）。吉尔伯特·里德尔鲍赫认为，数字技术的界限和特征激发了艺术创造力，拓宽了"手工艺"的传统定义。

2. 数字化软件辅助，创新首饰形式

数字虚拟建模使设计师可以轻松快速地生成各种计算机辅助设计方案，可随时选择、预览和优化数字虚拟模型，并使用3D打印技术来创建不同于传统珠宝的当代数字珠宝作品（图7-16）。同时，可以创建数字珠宝模型的虚拟数据库，以便于访问、评估、制造和重新设计，从而进一步提高设计师创建珠宝产品的可能性，增强珠宝的艺术形式，满足用户的特定需求。

3. 智能穿戴首饰的探索和研发

（1）调研功能需求，增强用户体验。

用户日益将智能可穿戴设备融入个性

图7-15 "CSH"胸针

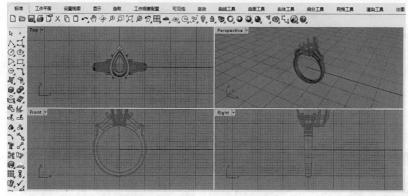

图7-16 参数化首饰设计作品

化生活，使之成为兼具美学与功能的智能珠宝。
设计师们依托经验设计与情感理论，从人机交互
的维度出发，探索优化用户与智能珠宝间沟通体
验的新途径，通过模拟用户思维，打造既智能又
增强用户体验的可穿戴饰品。

以雷利（Ringly）为例（图7-17），设计师发
现许多女性用户习惯于将手机放在随身包中，并且
常常会错过来电和短信。因此，该智能环的主要功
能是提醒蜂窝消息。同时，考虑到戒指的外观设
计，设计师使用了月光石、黑玉髓和水晶等珠宝进
行装饰，巧妙地将戒指盒设计为一种充电装置，与
追求美丽和爱情相吻合。

图7-17 雷利（Ringly）智能戒指

（2）运用信息技术，完善首饰开发。

技术创新正推动首饰设计领域的革新。大数据洞察消费趋势，互联网与物联网促进资源共
享，云计算加速设计优化，虚拟现实技术则带来沉浸式设计体验。这些新技术使首饰设计更加智
能化、个性化，拓宽了设计边界，为传统工艺与现代科技融合注入新活力。

（3）整合资源优势，实现跨界合作。

许多设计公司通过环网模型将珠宝作为载体，将时尚、健康和购物作为增值手段，对用户需
求、消费者情感、消费习惯和消费进行分析和研究。人们戴上新产品，结合设计、生产、服务和
营销的产业链会产生协同创新效应。可穿戴首饰已逐渐成为人们日常生活中不可缺少的一部分。

4. 以人为本的智能穿戴首饰设计

在当代首饰的设计过程中，任何理念的形成都要
以人为基本为出发点，通过设计活动来提高人类生活品
质，设计人的生活方式。

智能穿戴首饰在整个设计过程中不断用人的智慧
来创造和变革。作为当代首饰的一个类别，它实现了材
料、科技与艺术的三者融合，在信息高速发展的当代，
它符合现代人所需（图7-18）。

图7-18 迷蕊（Mira）智能珠宝

第三节 当代首饰设计例题

一、例题、要求与案例

题目一：以"四季"为题设计一件主题胸针（图7-19）

题目分析："四季"作为自然界的基本周期，蕴含着丰富的视觉元素和情感寓意，为首饰设计提供了广阔的创意空间。主题胸针的设计需体现每个季节的独特特征，如春天的生机、夏天的热烈、秋天的丰收和冬天的静谧，并通过胸针这一载体，将季节之美转化为可佩戴的艺术品。

规定用时：180分钟。

1. 工具准备

（1）自备绘图工具，水彩、水粉颜料或马克笔不限。

（2）提供绘图纸2张。

2. 操作内容

根据主题绘制珠宝首饰设计效果图及三视图，并附150字左右的设计说明。

图7-19 "四季"主题胸针作品案例

3. 操作要求

（1）主题明确，要求款式设计时尚新颖，需原创，符合人体佩戴。

（2）色彩搭配和谐，符合设计主题要求。

（3）首饰设计效果图要求人物比例准确。

（4）首饰设计三视图表达熟练准确，款式结构图严谨。

（5）附150字左右的设计说明。

题目二：使用金属材料设计一套首饰（图7-20）

规定用时：180分钟。

1. 工具准备

（1）自备绘图工具，水彩、水粉颜料或马克笔不限。

（2）提供绘图纸2张。

2. 操作内容

根据主题绘制首饰设计效果图及三视图，并附150字左右的设计说明。

3. 操作要求

（1）主题明确，要求款式设计时尚新颖，需原创，符合材料工艺要求。

（2）材料色彩搭配和谐，符合设计主题要求。

（3）首饰设计效果图要求人、物比例准确。

（4）首饰设计效果图表达熟练准确，款式结构图严谨。

（5）附150字左右的设计说明及三视图。

图7-20 金属材料首饰作品案例

题目三：以珍珠材料为主题设计一件奢华款颈饰（图7-21）

规定用时：180分钟。

1. 工具准备

（1）自备绘图工具，水彩、水粉颜料或马克笔不限。

（2）提供绘图纸2张。

2. 操作内容

根据主题绘制珠宝首饰设计效果图及三视图，并附150字左右的设计说明。

3. 操作要求

（1）主题明确，要求款式设计时尚新颖，需原创，符合首饰流行趋势。

（2）色彩搭配和谐，符合设计主题要求。

（3）珠宝首饰设计效果图要求比例准确，动态形象生动。

图7-21　珍珠主题项饰作品案例

（4）首饰设计效果图表达熟练准确，款式结构图严谨。

（5）附150字左右的设计说明及三视图。

题目四：以植物元素为主题设计一对首饰（图7-22）

规定用时：180分钟。

1. 工具准备

（1）自备绘图工具，水彩、水粉颜料或马克笔不限。

（2）提供绘图纸2张。

2. 操作内容

根据主题绘制首饰设计效果图及三视图，并附150字左右的设计说明。

3. 操作要求

（1）主题明确，要求款式设计时尚新颖，需原创，符合首饰流行趋势。

（2）色彩搭配和谐，符合设计主题要求。

（3）首饰设计效果图要求比例准确，形象生动。

图7-22　植物元素主题作品案例

（4）首饰设计效果图表达熟练准确，款式结构严谨。

（5）附150字以内的设计说明及三视图。

题目五：以琥珀为主题设计一套首饰，男女款式不限（图7-23）

规定用时：180分钟。

1. 工具准备

（1）自备绘图工具，水彩、水粉颜料或马克笔不限。

（2）提供绘图纸2张。

2. 操作内容

根据主题绘制珠宝首饰设计效果图及三视图，并附150字左右的设计说明。

3. 操作要求

（1）主题明确，要求款式设计时尚新颖，需原创，符合当代首饰流行趋势。

（2）色彩、材料搭配和谐，符合设计主题要求。

（3）首饰设计效果图要求人、物比例准确，动态形象生动。

（4）首饰设计效果图表达熟练准确，款式结构图严谨。

（5）附150字左右的设计说明及三视图。

图7-23　琥珀为主石的珠宝首饰套件案例

题目六：以"环保"为主题设计一套首饰，男女款式不限（图7-24）

规定用时：180分钟。

1. 工具准备

（1）自备绘图工具，水彩、水粉颜料或马克笔不限。

（2）提供绘图纸2张。

2. 操作内容

根据主题绘制服装设计效果图及正、背面款式结构图，并附150字左右的设计说明。

3. 操作要求

（1）主题明确，要求款式设计时尚新颖，需原创，符合材料工艺。

（2）色彩搭配和谐，符合设计主题要求。

（3）服装设计效果图要求人物比例准确，动态形象生动。

图7-24　环保为主题的当代首饰设计案例

（4）服装设计效果图表达熟练准确，款式结构图严谨。

（5）附150字左右的设计说明及三视图。

题目七：以"未来"为主题，设计一套首饰，男女款式不限（图7-25）

规定用时：180分钟。

1. 工具准备

（1）自备绘图工具，水彩、水粉颜料或马克笔不限。

（2）提供绘图纸2张。

2. 操作内容

根据主题绘制服装设计效果图及正、背面款式结构图，并附150字左右的设计说明。

3．操作要求

（1）主题明确，要求款式设计时尚新颖，需原创，符合材料工艺。

（2）色彩搭配和谐，符合设计主题要求。

（3）服装设计效果图要求人物比例准确，动态形象生动。

（4）服装设计效果图表达熟练准确，款式结构图严谨。

（5）附150字左右的设计说明及三视图。

图7-25　未来为主题的珠宝首饰设计案例

题目八：以"疯狂的建筑"为主题设计一套首饰，男女款式不限（图7-26）

规定用时：180分钟。

1．工具准备

（1）自备绘图工具，水彩、水粉颜料或马克笔不限。

（2）提供绘图纸2张。

2．操作内容

根据主题绘制首饰设计效果图及正、背面款式结构图，并附150字左右的设计说明。

3．操作要求

（1）主题明确，要求款式设计时尚新颖，需原创，符合材料工艺。

（2）色彩搭配和谐，符合设计主题要求。

（3）首饰设计效果图要求人物比例准确，动态形象生动。

图7-26　疯狂的建筑为主题的珠宝首饰设计案例

（4）首饰设计效果图表达熟练准确，款式结构图严谨。

（5）附150字左右的设计说明及正背面款式图。

题目九：以"中国饮食文化"为主题设计一套首饰，男女款式不限（图7-27）

规定用时：180分钟。

1．工具准备

（1）自备绘图工具，水彩、水粉颜料或马克笔不限。

（2）提供绘图纸2张。

2．操作内容

根据主题绘制服装设计效果图及正、背面款式结构图，并附150字左右的设计说明。

3．操作要求

（1）主题明确，要求款式设计时尚新颖，需原创，符合职业服装要求，紧密结合流行趋势。

（2）色彩搭配和谐，符合设计主题要求。

（3）服装设计效果图要求人物比例准确，动态形象生动。

图7-27　中国饮食文化主题珠宝首饰设计案例

（4）服装设计效果图表达熟练准确，款式结构图严谨。

（5）附150字左右的设计说明及正背面款式图。

题目十：以"吉祥图案"为主题设计一套首饰，男女款式不限（图7-28）

规定用时：180分钟。

1．工具准备

（1）自备绘图工具，水彩、水粉颜料或马克笔不限。

（2）提供绘图纸2张。

2．操作内容

根据主题绘制服装设计效果图及正、背面款式结构图，并附150字左右的设计说明。

3．操作要求

（1）主题明确，要求款式设计时尚新颖，需原创，符合职业服装要求，紧密结合流行趋势。

（2）色彩搭配和谐，符合设计主题要求。

（3）服装设计效果图要求人物比例准确，动态形象生动。

（4）服装设计效果图表达熟练准确，款式结构图严谨。

（5）附150字左右的设计说明及正背面款式图。

图7-28 中国吉祥图案主题珠宝首饰设计案例

题目十一：以星光蓝宝为主石设计一套男士珠宝首饰（图7-29）

规定用时：180分钟。

1．工具准备

（1）自备绘图工具，水彩、水粉颜料或马克笔不限。

（2）提供绘图纸2张，或使用绘图软件。

2．操作内容

根据主题绘制首饰设计效果图及三视图，并附150字左右的设计说明。

3．操作要求

（1）主题明确，要求款式设计时尚新颖，需原创，符合设计结构。

（2）色彩搭配和谐，符合设计主题要求。

（3）首饰设计效果图要求比例准确，形象生动。

（4）首饰设计效果图表达熟练准确，款式结构图严谨。

（5）附150字左右的设计说明及三视图。

图7-29 星光蓝宝男士珠宝设计案例

题目十二：以中国生肖元素为灵感设计一套珠宝首饰（图7-30）

规定用时：180分钟。

1．工具准备

（1）自备绘图工具，水彩、水粉颜料或马克笔不限。

（2）提供绘图纸2张，或使用绘图软件。

2．操作内容

根据主题绘制首饰设计效果图及三视图，并附150字左右的设计说明。

3．操作要求

（1）主题明确，要求款式设计时尚新颖，需原创，符合设计结构。

（2）色彩搭配和谐，符合设计主题要求。

（3）首饰设计效果图要求比例准确，形象生动。

（4）首饰设计效果图表达熟练准确，款式结构图严谨。

（5）附150字左右的设计说明及三视图。

图7-30　十二生肖主题珠宝首饰设计案例

题目十三：以爪镶、水滴型吊坠为主要元素设计一套宴会用、女士奢华首饰（图7-31）

规定用时：180分钟。

1．工具准备

（1）自备绘图工具，水彩、水粉颜料或马克笔不限。

（2）提供绘图纸2张，或使用绘图软件。

2．操作内容

根据主题绘制首饰设计效果图及三视图，并附150字左右的设计说明。

3．操作要求

（1）主题明确，要求款式设计时尚新颖，需原创，符合设计结构。

（2）色彩搭配和谐，符合设计主题要求。

（3）首饰设计效果图要求比例准确，形象生动。

（4）首饰设计效果图表达熟练准确，款式结构图严谨。

（5）附150字左右的设计说明及三视图。

图7-31　水滴型奢华珠宝首饰设计案例

题目十四：以"海上生明月，天涯共此时"诗句的景象与意境设计一套女性豪华镶嵌首饰（图7-32）

规定用时：180分钟。

1. 工具准备

（1）自备绘图工具，水彩、水粉颜料或马克笔不限。

（2）提供绘图纸2张，或使用绘图软件。

2. 操作内容

根据主题绘制首饰设计效果图及三视图，并附150字左右的设计说明。

3. 操作要求

（1）主题明确，要求款式设计时尚新颖，需原创，符合设计结构。

（2）色彩搭配和谐，符合设计主题要求。

（3）首饰设计效果图要求比例准确，形象生动。

（4）首饰设计效果图表达熟练准确，款式结构图严谨。

（5）附150字左右的设计说明及三视图。

图7-32 诗句主题珠宝首饰设计案例

题目十五：中国婚庆市场发展迅速，并以婚庆首饰为主题设计一套首饰，男女款式不限（图7-33）

题目分析：题目要求设计一款以"婚庆"为主题的首饰。婚庆主题涉及爱情、婚姻、承诺与庆祝等多个层面，设计时应充分考虑这些元素，以创造出既富有情感寓意又美观实用的首饰作品。婚庆首饰通常用于婚礼当天或作为新婚纪念，因此其设计应体现浪漫、永恒、奢华或个性化的特点，同时也要考虑到佩戴者的舒适度和日常搭配的实用性。

规定用时：180分钟。

1. 工具准备

（1）自备绘图工具，水彩、水粉颜料或马克笔不限。

（2）提供绘图纸2张，或使用绘图软件。

图7-33 婚庆主题珠宝首饰设计案例

2. 操作内容

根据主题绘制首饰设计效果图及三视图，并附150字左右的设计说明。

3. 操作要求

（1）主题明确，要求款式设计时尚新颖，需原创，符合设计结构。

（2）色彩搭配和谐，符合设计主题要求。

（3）首饰设计效果图要求比例准确，形象生动。

（4）首饰设计效果图表达熟练准确，款式结构图严谨。

（5）附150字左右的设计说明及三视图。

当代首饰设计例题解题思路、绘画方法及评价体系详解

在当代首饰设计中，专业学习者们面临着各种挑战和机遇，如何根据特定主题或材料创作出既具有创新性又符合市场需求的首饰作品，是每位专业学习者都需要不断探索和实践的课题。以下列举一套关于当代首饰设计例题的解题思路、绘画方法及评价体系，希望为读者提供有益的参考。

一、解题思路

（一）明确主题与要求

专业学习者需要仔细审题，明确设计主题和要求。这包括了解设计的背景、目的、受众群体以及市场定位等。例如，如果题目是以"自然之美"为主题设计首饰，那么专业学习者就需要深入思考自然之美的内涵，以及如何通过首饰这一载体来展现这种美。

（二）灵感搜集与整合

灵感是设计的源泉。专业学习者可以通过多种途径搜集灵感，如观察自然、参观艺术展览、阅读相关书籍、浏览网络等。在搜集灵感的过程中，专业学习者需要保持敏锐的洞察力和开放的心态，及时记录下一切可能引发设计灵感的点滴。

搜集到灵感后，专业学习者需要对其进行整合和提炼，将那些与主题相关、能够激发设计欲望的元素提取出来，为接下来的设计打下基础。

（三）设计构思与创意

设计构思是解题的核心环节。在这一阶段，专业学习者需要运用创造性思维，将灵感转化为具体的设计方案。设计构思可以围绕以下几个方面展开。

形态设计：考虑首饰的整体形态和局部细节，如何通过形态的变化来展现主题和美感。

材质选择：根据设计主题和受众群体的喜好，选择合适的材质，如金属、宝石、织物等。

色彩搭配：色彩是首饰设计中的重要元素，专业学习者需要巧妙运用色彩搭配来增强设计的视觉效果。

佩戴方式：考虑首饰的佩戴方式和舒适度，确保设计既美观又实用。

在设计构思过程中，专业学习者还可以尝试运用一些创新手法，如跨界融合、解构重组等，以打破传统设计的束缚，创造出更具新颖性和独特性的作品。

（四）市场调研与反馈

设计不是孤立的行为，它需要与市场紧密结合。因此，在设计过程中，专业学习者需要进行市场调研，了解目标受众群体的喜好、消费习惯以及市场趋势等。这有助于专业学习者调整设计方案，使其更加符合市场需求。

同时，专业学习者还需要及时收集反馈意见，这可以来自导师、同行、目标客户等。通过反馈，专业学习者可以了解设计的优点和不足，从而进行有针对性地改进和优化。

（五）设计完善与呈现

经过前面的构思和反馈，专业学习者需要对设计进行完善，确保设计的各个方面都达到最佳状态。这包括形态的进一步优化、材质的精确选择、色彩的细微调整等。

最后，专业学习者需要将设计呈现出来，这可以通过手绘草图、数字绘图软件或实物模型等方式实现。呈现方式的选择应根据设计的特点和受众群体的需求来确定，以确保设计能够以最直观、最吸引人的方式展示给目标受众。

二、绘画方法

（一）手绘草图

手绘草图是首饰设计中最基本，也是最重要的绘画方法之一。它能够帮助专业学习者快速捕捉灵感，记录设计构思，并为后续的设计提供基础。

手绘草图通常使用铅笔或彩色铅笔进行绘制。在绘制过程中，专业学习者需要注重线条的流畅性和形态的准确性，同时也要注意光影效果和色彩搭配的运用。通过手绘草图，专业学习者可以快速地呈现出设计的整体效果和细节特点，为后续的深入设计打下基础。

（二）数字绘图

随着科技的发展，数字绘图在首饰设计中扮演着越来越重要的角色。数字绘图软件如Photoshop、Illustrator、Rhino等提供了丰富的绘图工具和编辑功能，使得专业学习者能够更加精准地呈现设计效果。

数字绘图的优势在于其可编辑性和可复制性。专业学习者可以随时修改和调整设计，而无需重新绘制。同时，数字绘图还可以方便地保存和分享，便于专业学习者与团队成员或客户进行沟通和交流。

在数字绘图中，专业学习者需要熟练掌握绘图软件的操作技巧，合理运用各种绘图工具和编辑功能，以呈现出高质量的设计效果。

（三）实物模型制作

实物模型制作是首饰设计中不可或缺的一环。它能够帮助专业学习者更直观地了解设计的实际效果，发现设计中存在的问题，并进行及时的调整和优化。

实物模型制作通常使用蜡模、金属、宝石等材料进行。专业学习者需要根据设计图纸或数字模型，精确地制作出实物模型。在制作过程中，专业学习者需要注重细节的处理和材质的搭配，以确保模型能够真实地反映设计的意图和效果。

通过实物模型制作，专业学习者可以更加深入地了解设计的实际可行性和市场潜力，为后续的设计开发和生产提供有力的支持。

三、评价体系

（一）创新性评价

创新性是首饰设计的重要评价标准之一。它要求专业学习者能够打破传统设计的束缚，运用创新性的思维和手法来创造出具有新颖性和独特性的作品。

在创新性评价中，评委或受众会关注设计的原创性、独特性以及是否运用了新的设计理念和技术手法等。一个具有创新性的设计往往能够吸引人们的眼球，引发人们的共鸣，并在市场上产生积极的影响。

（二）美学评价

美学是首饰设计的核心要素之一。它要求专业学习者具备较高的审美能力和艺术修养，能够运用美学原理来指导设计实践。

在美学评价中，评委或受众会关注设计的形态美、色彩美、材质美以及整体的艺术效果等。一个具有美学价值的设计往往能够给人们带来美的享受和心灵的愉悦，提升人们的审美品味和生活质量。

（三）实用性评价

实用性是首饰设计不可忽视的重要方面。它要求专业学习者在设计过程中充分考虑佩戴者的实际需求和舒适度，确保设计既美观又实用。

在实用性评价中，评委或受众会关注设计的佩戴方式、舒适度、耐用性以及是否便于保养和清洁等。一个具有实用性的设计往往能够赢得消费者的青睐和信赖，提高产品的市场竞争力。

（四）市场潜力评价

市场潜力是评价首饰设计成功与否的重要标准之一。它要求专业学习者在设计过程中充分考虑市场需求和消费者心理，确保设计能够符合市场趋势并满足消费者的需求。

在市场潜力评价中，评委或受众会关注设计的市场定位、目标受众群体、销售策略以及是否具有商业开发价值等。一个具有市场潜力的设计往往能够为企业带来可观的经济效益和社会效益，推动首饰行业的持续发展。

（五）综合评价

综合评价是对首饰设计进行全面、客观、公正的评价。它要求评委或受众在评价过程中综合考虑创新性、美学性、实用性、市场潜力等多个方面，对设计进行全方位的评价。

在综合评价中，评委或受众会根据设计的整体效果和各个方面的表现，给出相应的评分或评价意见。这些评价意见对于专业学习者来说具有重要的指导意义，可以帮助他们了解自己的设计在哪些方面存在不足，并进行有针对性的改进和优化。

综上所述，当代首饰设计例题的解题思路、绘画方法及评价体系是一个相互关联、相互影响的整体。专业学习者需要明确主题与要求，搜集灵感并整合，进行设计构思与创意，进行市场调研与反馈，最后完善设计并呈现。在绘画方法上，手绘草图、数字绘图和实物模型制作都是重要的手段。而在评价体系中，创新性、美学性、实用性、市场潜力以及综合评价都是不可或缺的评价标准。只有全面、系统地掌握这些方法和标准，专业学习者才能创作出既具有创新性又符合市场需求的首饰作品。

表7-1   **当代首饰设计评价体系表格及具体评价标准**

评价维度	具体评价标准	评分范围（1~5分）
创新性评价		
原创度	设计作品具有显著的原创特征，与市场上现有产品有明显区别，体现独特创意	1. 缺乏原创性，与现有作品高度相似 2. 较低原创性，有较多相似作品 3. 中等原创性，有一定相似性 4. 较高原创性，有少量相似作品 5. 极具原创性，几乎无相似作品
设计理念新颖	设计理念独特，融合新的设计思维或技术，具有前瞻性	1. 理念非常陈旧，无创新 2. 理念稍显陈旧，缺乏创新 3. 理念一般，有一定新意 4. 理念较新颖，有创新点 5. 理念非常新颖，引领潮流

评价维度	具体评价标准	评分范围（1~5分）
材料与技术创新	使用新型材料或创新技术，如3D打印、可持续材料等，提升设计价值	1. 未使用新材料或技术 2. 材料或技术使用一般，无显著创新 3. 使用了部分新材料或技术 4. 使用了较新的材料或技术 5. 使用了多种创新材料或技术
设计语言	采用新的视觉语言或表达方式，如极简主义、超现实主义等，增强视觉冲击力	1. 设计语言非常平淡，无辨识度 2. 设计语言稍显平淡，缺乏特色 3. 设计语言一般，无明显特色 4. 设计语言较独特，有一定辨识度 5. 设计语言非常独特，极具辨识度
美学评价		
形态美感	设计的形态和谐、流畅，符合形式美法则，具有吸引力	1. 形态非常不和谐，缺乏美感 2. 形态稍显不和谐，有改进空间 3. 形态一般，无明显美感问题 4. 形态较和谐，有美感 5. 形态非常和谐，极具美感
色彩搭配	色彩运用恰当，形成吸引人的色彩对比或和谐，提升整体视觉效果	1. 色彩搭配非常不协调，缺乏吸引力 2. 色彩搭配稍显不协调，有改进空间 3. 色彩搭配一般，无明显问题 4. 色彩搭配较好，有吸引力 5. 色彩搭配非常出色，极具吸引力
材质质感	材质选择和搭配体现设计美感，如光泽、纹理等，增强触感体验	1. 材质质感非常差，与设计不融合 2. 材质质感稍显不足，与设计融合度较低 3. 材质质感一般，与设计融合度一般 4. 材质质感较好，与设计融合度较高 5. 材质质感非常出色，与设计完美融合
艺术表现力	设计具有艺术感染力，能引发情感共鸣或思考，提升文化内涵	1. 艺术表现力非常差，无情感共鸣 2. 艺术表现力稍显不足，缺乏深度 3. 艺术表现力一般，无明显情感共鸣 4. 艺术表现力较强，能引发一定思考 5. 艺术表现力极强，能深刻触动人心

评价维度	具体评价标准	评分范围（1~5分）
实用性评价		
佩戴舒适性	设计的重量、尺寸、形状适合长时间佩戴，不会造成不适或损伤	1. 佩戴非常不舒适，无法长时间佩戴 2. 佩戴不太舒适，有明显不适感 3. 佩戴一般，有一定不适感 4. 佩戴较舒适，轻微不适感 5. 佩戴非常舒适，无不适感
耐用性	材料选择和结构设计保证首饰的耐用性和抗损坏能力，延长使用寿命	1. 非常不耐用，易损坏 2. 耐用性较差，易损坏 3. 耐用性一般，有一定损坏风险 4. 较耐用，有轻微损坏风险 5. 非常耐用，几乎无损坏风险
保养便捷性	设计易于清洁和保养，无需特殊维护或复杂流程	1. 保养非常复杂，需要专业维护 2. 保养稍显复杂，需要较多维护 3. 保养一般，需要一定维护 4. 保养较便捷，轻微维护即可 5. 保养非常便捷，无需特殊维护
功能性	除了装饰作用外，设计还具备其他实用功能，如时间显示、健康监测等	1. 无额外功能，仅满足装饰需求 2. 功能较少，主要满足装饰需求 3. 功能一般，有少量额外功能 4. 功能较多，满足部分额外需求 5. 功能非常丰富，满足多种需求
市场潜力评价		
目标市场定位	设计明确针对特定的消费群体，符合其审美和消费需求，具有市场针对性	1. 定位非常模糊，无明确市场目标 2. 定位稍显模糊，市场覆盖有限 3. 定位一般，有一定市场覆盖 4. 定位较准确，基本符合目标市场需求 5. 定位非常准确，完全符合目标市场需求
市场趋势符合度	设计紧跟或预测市场趋势，如可持续时尚、复古风潮等，具有市场前瞻性	1. 完全落后于市场趋势，无竞争力 2. 稍显落后于市场趋势，需改进 3. 符合部分市场趋势，无明显前瞻性 4. 较符合市场趋势，有一定前瞻性 5. 非常符合市场趋势，具有前瞻性

评价维度	具体评价标准	评分范围（1~5分）
价格定位合理性	设计的成本与生产价格匹配，市场定价合理且具有竞争力，符合消费者预期	1. 价格定位非常不合理，无竞争力 2. 价格定位稍显不合理，需调整 3. 价格定位一般，无明显优势 4. 价格定位较合理，有竞争力 5. 价格定位非常合理，极具竞争力
营销潜力	设计具有话题性，易于通过社交媒体、线下展览等方式进行推广，吸引关注	1. 营销潜力弱，难以推广 2. 营销潜力稍显不足，需加强推广 3. 营销潜力一般，有一定关注度 4. 营销潜力较大，较易引发关注 5. 营销潜力极大，极易引发关注
综合评价		

本章总结

本章聚焦于当代首饰设计中数字化技术的应用，包括3D设计、激光雕刻技术和立体扫描等，将其融入当代首饰设计的实践项目，以及案例展示。通过案例学习，学生可以深入了解实际项目的设计过程、创意表达及项目的展示方式。同时，通过展示实践项目，学生能够分享和交流设计经验，理解数字化技术对传统首饰设计的革新和影响。

课后作业

（1）选择一位著名的首饰设计师或一件备受瞩目的首饰作品，深入分析；撰写一篇案例分析报告，重点关注设计理念、材料运用、工艺技术等方面。

（2）使用3D设计软件创建一件独特的首饰设计，注重形状、细节和比例。通过实际操作，熟练掌握3D设计工具的使用。

（3）组织一个小型的个人作品评审活动，相互分享并评价彼此的实践项目。提供具体的建议和意见，促进设计水平的共同提高。

思考拓展

（1）思考如何利用数字化技术创建虚拟首饰展览，以及如何通过交互设计使观众深度参与。

（2）引导学生研究智能首饰和可穿戴技术的最新发展，思考数字化技术如何与首饰设计融合，创造具有科技感的作品。

（3）学生尝试使用数字化手段进行设计作品的展示，如虚拟现实（VR）展示、在线平台展示等，提高作品的可视化效果。

课程资源链接

课件

第八章

国内外当代首饰
设计赏析

第一节　灵感与素材

（1）美国设计乔林恩（Jo Lynn Alcom）的设计才华超越了传统与现代的界限。她的纸艺珠宝广告作品随着主题的变幻而展现出千变万化的风貌，每一件作品都如同精心雕琢的艺术品，让人叹为观止（图8-1、图8-2）。

图8-1　乔林恩纸艺珠宝广告作品（一）

图8-2　乔林恩纸艺珠宝广告作品（二）

（2）旅居德国慕尼黑的韩国首饰艺术家恩米春（Eunmi Chun）曾在荷兰阿姆斯特丹的加莱里·罗布库迪斯（Galerie Rob Koudijs）艺廊举办了一场颇具观赏性的当代首饰创作展——"珍贵的动植物（Precious Beasts-Blooming）"（图8-3）。她在此展中展示的作品都是由羊皮纸、毛发、金箔、银、锌等材料制作而成的，展现出动植物融为一体的诗意愿景。

图8-3　珍贵的动植物系列作品

随着艺术的发展，人们的生活理念、审美标准逐步发生了很大的改变，珠宝设计也由最初的纷繁演变到今天的简约，而当代首饰设计与设计色彩搭配密不可分。当代珠宝作品为消费者服务，设计者的设计理念需以消费者为核心，熟悉色彩搭配对消费者的心理影响，综合考虑多方面因素，科学合理地进行色彩搭配，让消费者感受到舒适、温馨，从而刺激消费，促进当代首饰艺术作品的推广与销售。

第二节　创意与构思

无论在造型上还是在材料的使用上，当代首饰设计师更加关注首饰与佩戴者的身体相结合，这使佩戴者在佩戴首饰的同时获得全新的感受。作品与佩戴者的变化还可以在空间中实现新的关系。

（1）当代首饰设计师亚历克斯·金斯利·维（Alex Kinsley Vey）在"黑色的狗"（The Black Dog）胸针（图8-4）。设计中巧妙地融入了金属生锈的特质，以此细腻地勾勒出祖父往昔生活的温馨片段。

（2）设计师利亚纳·帕蒂希斯（Liana Pattihis）的"修补破碎的心（To Mend my Broken Heart）"系列首饰（图8-5），将废弃的陶瓷和餐具重新构思，转化为具有几何感和抽象美感的胸针。这些胸针不仅因其来自复古餐具的设计元素而具有装饰性，还通过这种再利用过程赋予了首饰新的生命和意义。帕蒂希斯的设计灵感来自日本的金砂子（Kintsugi）传统——一种修补破碎陶瓷的艺术。该设计通过金色的接缝巧妙地强调而非掩饰损伤，以此颂扬物品所承载的历史与独一无二的个性。

当代首饰设计理念及材料表现可以是设计师和佩戴者之间的一座桥梁，使二者产生互动关系。当代首饰设计从日常生活材料创新性的借用、对绿色环保材料的重新组合再设计，从作品和佩戴者的互动角度，使当代首饰的创意设计得到更充分地发挥，激发人们更多地关注生活，感受人们对生活的热爱及人与人之间的珍贵情感。

图8-4　黑色的狗　　　　　　　　　　　　　　　　　图8-5　"修补破碎的心"系列

第三节　当代首饰设计中的数理艺术

数是万物的来源，也是万物的存在形式。从美学的视角来看，数的普遍应用不仅拓宽了艺术的边界，也促进了艺术形式的多样化。数理的艺术化过程，在某种意义上，正是艺术形式化的深刻体现。在中西方各类型艺术设计和形式分析过程中，普遍存在着数字（模数）与形式（比例尺度）的联系性，分析两者之间的关系，也就是分析设计形式美的具体化过程。其中既包括对古典或传统既有艺术形式的再分析，也有新艺术形式对既有设计在形式上延续研究，最终指向当代

艺术设计，为新的设计及制作找到合理
且适合的比例尺度（形式）和表现方式
（模数）。将当代首饰设计中视觉上的形
式转换成数理，才能成为当代首饰设计
制作的基本前提。

（1）设计师卡罗琳·杨（Carolyn
Young）以自然界中的海洋生物为灵
感，运用数理混合和自然形态探索的方
法来创造当代艺术首饰（图8-6）。人类
文明开始时，贝壳类就已用来装饰人的
身体，人类使用海螺、贝壳等作装饰已
持续了很长的时间。贝壳与海螺的螺旋
形态，象征着起始点的确立与持续成长
的轨迹，鲜明地展示了过去如何自然地
融入现在，并预示着未来的无限延伸。
该系列设计灵感来自不断变化过程中的
地点、事件和经验，主题是自然和人类
的相互联系与动态性表达，其核心是艺
术、珠宝和人体之间亲密的共生关系。

图8-6　设计师卡罗琳·杨作品

作品反映出人类的脆弱性和韧性，可以看作保护过去记忆和守护未来希望的护身符。

（2）设计师卡门·塔皮亚（Carmen Tapia）在当代首饰创作（图8-7）过程中，从研究和
计算二维形态的拓扑结构和数理艺术塑性特性开始，通过立体构成、折叠等设计思维方法，创造
了三维造型，并对材料形态加以扭转、伸长或收缩等外力，从而获得一个与自然有机形态非常
相似的、人工处理后的几何形态。设计师的工作始于使用柔软且具有高度可塑性的材料，如纸

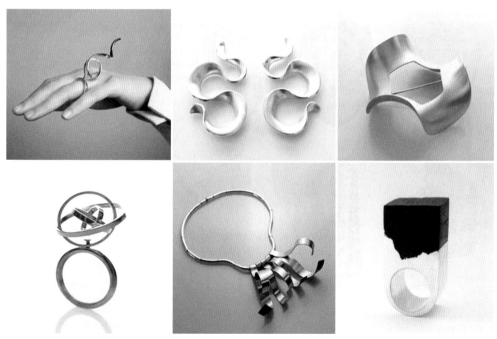

图8-7　设计师卡门·塔皮亚作品

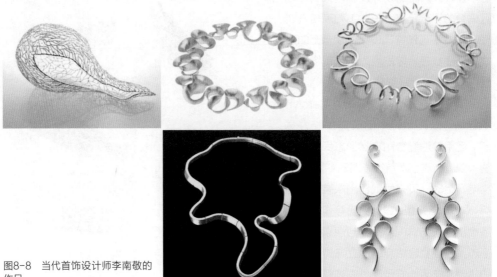

图8-8 当代首饰设计师李南敬的作品

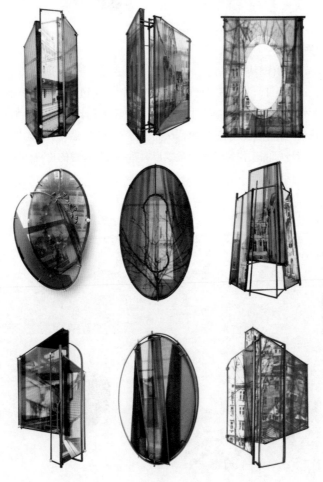

图8-9 当代首饰设计师李南敬的作品

和蜡，精心雕琢出设计模型，随后借助失蜡铸造与淬火锻造等精湛工艺，将这些创意模型转化为精美的银制品。设计师创造出材料的层流表面和有机膜，以打造出舒适和极具视觉效果的当代首饰作品。首饰制造技术结合银材反光特性，打造工艺与光泽并存的饰品。

（3）在当代首饰设计师李南敬（Namkyung Lee）的作品（图8-8、图8-9）中，数理空间的概念和图像一样重要。图像描绘的数理空间（直接的和间接的），使首饰可视为记录偶然记忆的隐喻媒介，承载着不可复制的瞬间与情感。代表了设计师的主观经验及记忆。首饰作品同样能够艺术化地展现记忆混乱或交织的虚拟空间，赋予观者独特的心理体验。在抽象空间中，记忆可以被完全重构或想象。首饰作品蕴含着独特的空间与情感。

（4）当代首饰设计师奥索里亚·凯奇斯（Orsolya Kecskés）设计的首饰作品（图8-10）是对她童年记忆的延伸。这是一种对快乐时光有意识的记录性活动，其设计的创意在潜意识中，如创意的图像或者是几何形状。在对设计与艺术思维的不断整合和创意的过程中，设计师是带着喜悦的心情去创作作品的，她希望欣赏作品的人可以一起体会与感知。

（5）当代首饰设计师依欧塔（Yiota）认为，珠宝就像一本传记——讲述我们人生许多篇章的故事。通过她的作品（图8-11），人们能够看到设计师所"记录"的故事章节，如成长及所走过的人生。作为一个首饰艺术家，她和珠宝的关系是双向的。她的首饰创作深受多元艺术研究方向的启迪与影响，通过感官的参与，表现在作品中。她所创作的首饰作品将其个人的记忆和对社会文化问题的看法抽象概括为首饰的形式、材料和色彩。

图8-10　当代首饰设计师奥索里亚·凯奇斯的首饰设计作品

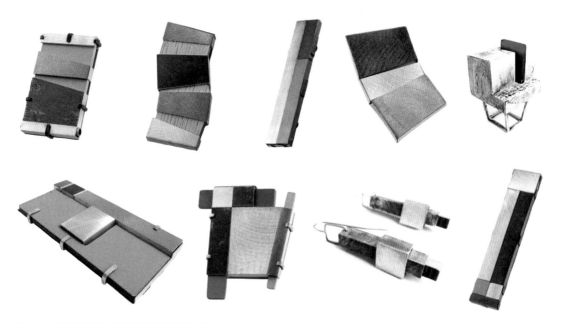

图8-11　当代首饰设计师依欧塔的首饰设计作品

第四节　变化与设计

当代首饰设计师与艺术家通过作品展现的身份充满了多样性——或强调民族性，或借鉴异域文化，或体现阶层感，或打破阶层，或凸显性别气质，或打破性别差异。他们通过解构与重构的视觉修辞打破霸权的文化话语，展现多元化的风情。

（1）英国首饰设计师艾莉森·布朗（Alison Brown）是一位跨学科的艺术家，创造对其来说具有重要意义。她用充满好奇心的眼睛、大脑和手，探索我们所接触的世界，通过陶瓷、金属和纺织品

图8-12　英国首饰设计师艾莉森·布朗作品（一）

等材料来实现设计的想法。她的灵感常源自大自然的鬼斧神工，比如将瓷器巧妙地镶嵌于金属之上，创作出别具一格的装饰艺术品（图8-12～图8-14）。

同时，她的首饰创作灵感广泛，既有如涂鸦般自由地将生锈金属线编织包裹黏土造型的创意，又追求视觉与触觉的和谐统一，探索身体与空间的微妙关系。这些作品旨在挑战传统定义，鼓励每位观赏者通过个人独特的感知与体验，赋予它们新的意义与感受。

（2）英国当代首饰设计师丽安娜·帕提希斯（Liana Pattihis）的设计首饰主题是建造和埋葬（图8-15、图8-16）。设计师寻找一种神秘和耐人寻味的自然元素，灵感来源于动植物，特别是在林区的动植物。作品选择特定的视觉构图或几何美学元素，并设计出三维的"链式设计"，从而将元素转换为可穿戴的珠宝首饰。作品表面的花纹与肌理给人一种轻松愉快的视觉感受，核

图8-13　英国首饰设计师艾莉森·布朗作品（二）

图8-14　英国首饰设计师艾莉森·布朗作品（三）

图8-15　英国当代首饰设计师丽安娜·帕提希斯的首饰

图8-16　英国当代首饰设计师丽安娜·帕提希斯的首饰作品

心在于被釉质巧妙包裹的银链，这些银链虽可工业化生产却巧妙隐匿。设计上，各色釉质熔铸于几何主体之上，随后以链条环绕并塑造釉质主体，核心创意聚焦于链的精妙构建与层次叠加。此手法赋予作品丰富的层次感，不同链条与色彩交织融合，营造出一种纹理丰富、层次分明的三维像素化浮雕效果，令人耳目一新。

（3）英国首饰设计师伊莉安娜·托舍薇（Iliana Tosheva）作品（图8-17）的选材主要集中在18K金、银、铜和玻璃釉质等。她的作品以大自然为灵感，所有的肌理和造型都在模仿自然元素。她的标志性作品多是金属液体置于玻璃釉质层上，形成涂层。伊莉安娜·托舍薇作为一个艺术家和创作者，并不喜欢在造型与设计元素中使用规则的形状，而是更喜欢使用非传统形状、质地、颜色等，如海芥黄、绿色和棕色及任何有机的自然物件。无论是形状还是质地，她一直致力于创造独特的、与大自然融合的设计。

（4）英国当代首饰设计师雷切尔·科利（Rachael Colley）的"吃（eat）"系列（图8-18）及"沙—绿（Sha-Green）"系列非常有特色。"吃"系列是一个集合设计，将食物与人体并列，以突出人类与食物及其消费的关系。这些可穿戴首饰通过展现过程和材料，突出当代首饰设计材料中的日常有机物质及可降解材料的有限寿命等，表现人类短暂而复杂的生命周期和时间的流逝。

图8-17　英国首饰设计师伊莉安娜·托舍薇的作品

图8-18　英国当代首饰设计师雷切尔·科利的"吃"系列作品

第五节　传达与表现

一、当代首饰中的涂鸦元素

涂鸦对人们具有非常大的吸引力，因为它们本身就带有搞笑幽默的元素，使人们可以开心愉悦地享受美好生活。涂鸦艺术的色彩鲜亮，搭配夸张个性图案，在哪里都能吸引人们的眼球，给人一种首饰界的视觉盛宴。

（1）汉娜·奥特曼（Hannah Oatman）的论文研究艺术、产品、广告、包装、收藏、互动和选择之间的关系。这些多层次的首饰系列不仅美观，还促使人们思考：是关注它们如何反映我们的消费文化，还是仅仅享受佩戴带来的乐趣。它们展现了当代艺术珠宝的独特之处，并提出了吸引更广泛人群、提升作品吸引力的策略。"收集（COLLECT ME）"系列（图8-19）的每个胸针都按照作者的说明进行了部分组装，并包装在"盲盒"中。

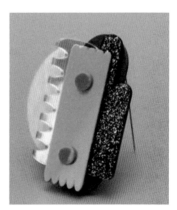

图8-19　汉娜·奥特曼作品

（2）娜娜·奥贝尔（Nanna Obel）的珠宝店位于丹麦哥本哈根的郊外。她从平面设计跨界金匠艺术，融合涂鸦灵感于珠宝设计中。每件作品均讲述独特故事，获国内外好评，成功登上国际舞台（图8-20～图8-22）。

（3）金诺盖拉（Kim Nogueira）的作品以独特的艺术特征著称。她将玻璃与金属的质感巧妙融合，创造出既具现代感又不失童趣的分层叙事，每一件作品都仿佛是涂鸦与精密工艺的完美交响，引人遐想，激发无限想象（图8-23、图8-24）。

图8-20　娜娜·奥贝尔的作品（一）　　　　　　　　图8-21　娜娜·奥贝尔的作品（二）

图8-22　娜娜·奥贝尔的作品（三）　图8-23　金诺盖拉作品（一）　　　图8-24　金诺盖拉作品（二）

　　涂鸦艺术正日益成为时尚服饰与当代首饰领域的创意源泉，其独特的元素与图案频繁亮相，广受大众喜爱与接纳。这种跨界融合不仅丰富了设计语言，更预示着一种新颖而富有个性的潮流趋势，或将引领当代首饰界迈向新的风尚高峰。

二、"叛逆"的当代首饰

　　当代艺术首饰不同于传统首饰。有一类当代艺术首饰，特别注重"新"，它们非常看重艺术的表现形式——大胆颠覆传统珠宝设计，采用更具有表现力的材质，这一现象与当前艺术传播力度的显著增强紧密相连。当代艺术首饰就像一面反映社会历史与文化的棱镜，在观念、自然、技术、结构、材质、教育等方面自由地传递与表达。从无机物（金属、塑料、树脂、陶瓷、混凝土等）、有机物（牙齿、毛发、骨骼、皮肤、细胞等）到现成物品，当代首饰选材广泛。当代首饰还可以融合其他艺术门类的创作，首饰设计正展现出日益多元化的表现途径与风格。

　　（1）日本珠宝设计师亚纪子·新里（Akiko Shinzato）制作的"另一种皮肤（Another Skin）"系列（图8-25），通过珠宝来展示被人们一直忽略的自然美。该系列按照材质可以分为两个子系列，分别是用皮革制作的"戴上某人的特征（Putting on Someones Identity）"系列和用施华洛世奇水晶打造的"面'戴'妆容（Wearing Make-up）"系列。"另一种皮肤"系列灵感来源于中世纪的夹鼻眼镜。作品强调了人们在第一印象中最

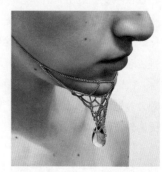

图8-25　日本珠宝设计师亚纪子·新里作品

重视的脸部部位：鼻子、眼睛与嘴。在现代社会，随着技术的便捷，人们往往轻易改变外貌，却容易忽视并遗忘了自己与生俱来的自然之美。

（2）荷兰当代艺术家菲丽珂·凡德·李斯特（Felieke van der Leest）将"编织"与首饰进行融合，并以《侏罗纪公园》中的恐龙形象与《西部世界》中的美国西部风情作为主题，创作了两组系列作品（图8-26）。她以动物为媒介，巧妙地探讨并引发公众对重要议题的深思与关注，创造出独具趣味和幽默感的艺术作品，诙谐地表达出对环境、生态等社会问题的思考，唤醒人们反思现实世界和现代人的生活方式。

图8-26　荷兰当代艺术家菲丽珂·凡德·李斯特作品

（3）以色列当代首饰设计师丹娜·哈金（Dana Hakim）以作家梅厄·沙莱夫的著作《我的野花园》为灵感创作了一系列作品（图8-27），以展现生与死、盛开与凋零、日出与日落的变化，给人们带来了一场关于生命循环与自然更替的体验。如同沙莱夫的花园，哈金的首饰花园也并非完全自然天成，一件件作品也需要"播种"和"修剪"。这一系列作品中的关键材料网眼铁，取材于旧扩音器，设计师将其最终转化成可佩戴的个人饰品。这些"叛逆"的当代艺术首饰作品是以一种极具冲击力的方式展现情感与思想。

图8-27　丹娜·哈金作品

本章总结

本章旨在通过实际项目的解析，深入探讨当代首饰设计的实践，包括灵感与素材的获取、创意与构思的过程、设计的变化与创新，通过设计传达来表现独特的理念。学生通过这一章可将理论知识应用于实际创作，培养独立设计的能力。

课后作业

（1）选择一个主题，收集相关的灵感素材，并制作一个灵感板（Inspiration Board）。在板上呈现影响设计的图像、颜色、形状等元素。

（2）选择一个自己感兴趣的主题，通过头脑风暴、素描等方式，形成初步的创意构思。注重创意的独特性和可行性。

（3）选择一款首饰设计，进行设计的改进或创新。可以尝试新的材料、工艺或形式，使其更符合当代审美。

思考拓展

（1）思考设计中融入社会和文化元素的方法，使得首饰作品更具有文化深度和意义。

（2）引导学生尝试通过多媒体方式表达设计，如使用视频、音频等元素，增强设计作品的艺术感和传达效果。

（3）尝试使用数字化工具制作设计原型，如3D打印、激光切割等技术，提高设计的精确度和实现的可能性。

课程资源链接

课件

参考文献

[1] 周凝瑞. 从传统中来到现代中去——谈谈当代首饰艺术收藏[J]. 中国黄金珠宝, 2019, 0（1）: 72-73.

[2] 周凝瑞. 环保与艺术: 新材料在当代首饰里的时尚表现[J]. 中国黄金珠宝, 2019, 0（4）: 80-81.

[3] 周凝瑞. 另类时尚——"叛逆"的当代首饰[J]. 中国黄金珠宝, 2020, 0（4）: 74-75.

[4] 周凝瑞. 当代首饰与人体的对话[J]. 中国黄金珠宝, 2020, 0（3）: 74-75.

[5] 周凝瑞. 有温度的佩戴物——情感与当代首饰[J]. 中国黄金珠宝, 2020, 0（1）: 74-75.

[6] 周凝瑞. 另一个角度看当代首饰艺术的审美意识[J]. 中国黄金珠宝, 2021（4）: 75-77.

[7] 周凝瑞. 当代织物材料对首饰的另类阐释[J]. 中国黄金珠宝, 2021（1）: 80-81.

[8] 周凝瑞. 传统技艺的创新诉求[J]. 中国黄金珠宝, 2018, 0（6）: 46-46.

[9] Design-Ma-Ma设计工作室[M]. 当代首饰艺术——材料与美学的革新[M]. 北京: 中国青年出版社, 2011.

[10] 周凝瑞. 当代首饰设计与制作研究[M]. 北京: 九州出版社, 2018.

[11] [英]阿纳斯塔西娅·扬（Anastasia Young）. 首饰工艺完全指南: 为首饰设计师呈现100+的技法详解（The Workbench Guide to Jewelry Techniques）[M]. 王磊, 译. 上海: 上海科学技术出版社, 2021.

[12] 唐一苇, 闫黎. 首饰发展简史[M]. 北京: 化学工业出版社, 2022.